安徽省高等学校高峰学科建设五年规划项目
国家自然科学基金面上项目(51974008)
国家自然科学基金青年科学基金项目(51504006)

深部高水平应力巷道围岩变形破坏特征与稳定性控制

陈登红　著

中国矿业大学出版社

·徐州·

内 容 提 要

本书以淮南和皖北矿区深部矿井典型煤-岩巷为背景，通过地质力学评估、真三轴相似模拟、考虑应变软化的数值模拟和坚硬基本顶超静定梁理论模型系统研究，发现了深部高水平应力巷道围岩"圈"型拉压分区变形特征，认为初始支护力及软化模量对抑制软化与残余区扩展效果好，提出了卸压锚固协调控制技术方案与优化流程。本书成果对控制巷道围岩非对称变形、解决巷道围岩分区破裂等问题具有一定的指导意义。

本书可作为矿业工程、岩土工程和地质工程专业的高校师生和科研工作者的参考用书。

图书在版编目(CIP)数据

深部高水平应力巷道围岩变形破坏特征与稳定性控制 /
陈登红著. —徐州:中国矿业大学出版社,2022.8
　　ISBN 978 - 7 - 5646 - 5535 - 8

　　Ⅰ. ①深… Ⅱ. ①陈… Ⅲ. ①深部压力—巷道变形—
破坏机理—研究②深部压力—巷道变形—围岩稳定性—研
究 Ⅳ. ①TD322

　　中国版本图书馆 CIP 数据核字(2022)第 154516 号

书　　名	**深部高水平应力巷道围岩变形破坏特征与稳定性控制**
著　　者	陈登红
责任编辑	陈红梅
出版发行	中国矿业大学出版社有限责任公司
	(江苏省徐州市解放南路　邮编221008)
营销热线	(0516)83884103　83885105
出版服务	(0516)83995789　83884920
网　　址	http://www.cumtp.com　E-mail:cumtpvip@cumtp.com
印　　刷	徐州中矿大印发科技有限公司
开　　本	787 mm×1092 mm　1/16　**印张** 9.5　**字数** 237 千字
版次印次	2022 年 8 月第 1 版　2022 年 8 月第 1 次印刷
定　　价	48.00 元

(图书出现印装质量问题,本社负责调换)

前　言

随着煤矿开采深度的增加,深部巷道围岩变形量大、支护体变形失效多、巷道断面收缩严重等矿压显现强烈,基于"两淮"矿区深部高水平应力分布特征,有关深部高水平应力煤-岩巷道围岩变形破坏机理及支护技术方面的研究越来越成为确保煤矿深部资源安全高效生产的重要方向。

以淮南矿区 13-1 煤回采巷道(煤巷)和皖北矿区朱集西煤矿、恒源煤矿深部开拓岩巷地质及工程条件为背景,在调研深部典型煤-岩巷道支护及围岩变形破坏现状的基础上,开展深部典型煤-岩巷道围岩变形破坏特征及控制机理研究,主要采用地应力实测、相似模拟、数值模拟、理论分析和现场实测等综合研究方法,深入研究了深部典型煤-岩巷道围岩变形破坏特征及控制机理。主要研究内容如下:

(1)分析深部煤-岩巷道地质工程条件,开展围岩地质力学评估及掘进回采期间矿压显现规律研究。

(2)开展了大尺寸、真三轴应力下煤巷围岩变形破坏特征的模型试验研究。获得了浅埋静水压力、深埋静水压力、初掘采动应力及回采动压等不同应力环境下矩形、直墙拱形等 4 种尺寸的煤巷围岩应变、变形及破坏特征。

(3)数值模拟研究深部高水平应力煤岩巷围岩稳定性主要影响因素(排序为:埋深＞采高＞支护体长度与面长、构造应力＞埋深＞支护体数量与长度)。

(4)构建弹塑性分析理论模型。基于 M-C 屈服准则和 D-P 屈服准则,按应变软化、碎胀扩容条件分析研究了初掘期间深部软化区、残余区范围的影响因素。

(5)基于损伤理论、材料力学理论,构建坚硬基本顶"梁"模型,研究回采期间工作面侧、实体煤侧巷道深部围岩弹塑性交界处顶板压力大小对基本顶挠度的影响。

(6)在总结模型试验、数值计算、理论分析等深部典型回采巷道围岩变形破坏特征的基础上,提出"开掘方向优化""强帮护两侧顶""断面形状优化""分区分级加强"以及卸压锚固协调控制等原则,并优化同类条件破坏变形严重的煤-

岩巷支护方案。

在本书出版之际，衷心感谢华心祝教授、杨科教授给予的指导！部分测试装置的研制工作得到王宾副教授的支持，部分试验工作得到袁永强、李超、李宏亮、金声尧、张忠浩、鞠俊超等研究生的帮助，现场的数据来自科研合作单位——皖北煤电集团朱集西煤矿和恒源煤矿、淮河能源集团淮沪煤电有限公司丁集煤矿、中煤新集能源股份有限公司刘庄煤矿和口孜东矿；本书的出版还得到了安徽省高等学校高峰学科建设五年规划项目、国家自然科学基金面上项目（51974008）、国家自然科学基金青年科学基金项目（51504006）的资助，在此一并表示感谢！

限于水平和学识，书中难免存在疏漏，敬请广大读者和同行批评指正。

著　者

2022 年 5 月于安徽理工大学

目　录

第一章 绪 论

一、煤矿深部开采的界定

煤矿深部开采是世界上采矿业发达国家目前和将来所要面临的技术难题。各国根据地质、工程技术条件不同,对煤矿开采"深部"界限的界定有一定的差别[1-3]:在国外,德国为800～1 200 m,俄罗斯为800 m,波兰、英国为750 m,日本为600 m;在我国,根据目前采煤技术的发展现状及安全开采的要求,一般为700～1 000 m[2]。另外,也有学者提出深部开采的相对概念:邹喜正[4]提出深井巷道临界深度由$2\gamma H > R_c \eta k_g$或$2\gamma H > R_c k_H$确定,其中R_c为岩体单向抗压强度,k_g为构造作用影响系数,k_H为回采影响系数;钱七虎[5]提出基于分区破裂化现象来区分深、浅部岩体工程;勾攀峰等[6]运用突变理论中的尖点突变模型提出了确定深井巷道临界深度的方法;何满潮[7]提出根据软岩、硬岩工程组出现非线性大变形、冲击地压及岩爆等非线性静力、动力力学现象的深度划分为第一、二临界深度;谢和平[8]在评价上述研究的基础上,强调煤岩体所处应力环境,提出$\sigma_1 = \sigma_2 = \sigma_3$作为煤岩深部开采深度的判别准则。

二、煤矿深部开采的发展历程

按前述深部开采的定义,在世界主要采煤国家中,前西德和前苏联较早地进入了深部开采[9-11]。20世纪60年代初,前西德埃森北部煤田中的巴尔巴拉矿的开采深度就已经超过1 000 m,达到1 200 m;1960—1990年,前西德煤矿的平均开采深度从730 m增加到900 m,最大开采深度从1 200 m增大到1 500 m,大约以10 m/a的速度递增。前苏联在解体前的20年中,煤矿的开采深度以10～12 m/a的速度递增,仅顿巴斯矿区就有30个矿井的开采深度达到1 200～1 350 m。

煤炭作为我国一次能源的主体,长期以来占一次能源比重在70%左右,且在今后相当长时间内,能源的压舱石和稳定器地位不会动摇。根据全国第三次煤炭资源预测,全国埋深2 000 m以内的煤炭资源总量为5.57万亿t,资源总量居世界第一;埋深在1 000 m以下的煤炭资源为2.95万亿t,占煤炭资源总量的53%[8]。

随着煤炭需求的日益增长、综采技术的不断发展以及装备水平的不断提高,我国煤矿开采深度正在以8～12 m/a的速度增加,东部矿井正在以10～25 m/a的速度发展[12-13]。近年来,国内已有一批山相继进入近千米的深部开采。据国家矿山安全监察局初步统计,平顶山、淮南和峰峰等43个矿区的300多座矿井开采深度超过600 m,逐步进入深部开采的范畴,其中开滦、北票、新汶、淮南、沈阳、长广、鸡西、抚顺、阜新和徐州等地近200处矿井开采深度超过800 m,而开采深度超过1 000 m的矿井全国共有47处[14]。

据不完全统计,全国最深的矿井为新汶孙村煤矿,其开采水平已达到1 501 m。此外,采用斜井开拓的华能庆阳煤电有限公司核桃峪煤矿,其主斜井长度为 5 875 m,垂深为 975 m。我国千米深井开采深度集中在 1 000~1 299 m 的约占 91.48%,平均开采开采深度为 1 086 m[15]。

三、深部开采矿压显现特征

随着开采深度的增加,矿压显现强烈,采动影响的范围及强度激增。淮南矿区丁集煤矿 1282(3)工作面回采 13-1 煤的煤层平均厚度为 4 m,服务于 1282(3)工作面的西一轨道大巷位于 13-1 煤底板,其底板标高为-824 m,与顶板 13-1 煤的垂直距离约为 11 m,工作面收作于距离底大巷水平距离 176 m 处(未跨采)。在研究过程中,对停采前后 20 d 的矿压显现进行实拍(图 1-1),发现底大巷底鼓量大、围岩变形破坏严重,受工作面采动影响明显,表明深部开采的影响范围及强度远超过浅部,对于布置在煤层中的回采巷道影响更为深远。

(a)停采前底大巷变形情况　　　　　　　　(b)停采后底大巷变形破坏情况

图 1-1　停采前后底大巷变形对比情况

四、深部典型煤-岩巷的开掘现状及矿压显现特征

淮南矿区是有着百年开采历史的老矿区,同时"两淮"矿区又是国家规划建设的 14 个亿吨煤大型煤炭基地之一[16-17]。近年来,随着煤炭需求的日益增长及综采装备水平的不断提高,煤矿开采深度及强度逐年增加,淮南矿区各生产矿井逐步转向深部开采[18-22]。矿区内 8 煤、11 煤、13-1 煤等新区主采煤层赋存稳定,厚度大、强度低,适宜综合机械化开采[21]。13-1 巷道煤为全区主要可采煤层,厚度一般在 4 m 左右,煤层直接顶多为复合顶板,厚度变化大,底板岩性软,易底鼓。由于其埋深、采高(随煤厚变化一次采全高)、面长及巷道断面形状及尺寸具有的典型地质、工程条件(表 1-1),因此本书选择有一定代表性的淮南矿区深部 13-1 煤回采巷道作为深部典型煤巷的工程背景。

表 1-1　淮南矿区 13-1 煤回采巷道工程地质条件的典型性分析

工程条件	巷道名称		
	丁集煤矿 1141(3) 工作面机巷、风巷	刘庄煤矿 171301 工作面机巷、风巷	口孜东矿 111303 工作面机巷、风巷
埋深/m	582~769	542~707	767~902
采高/m	2.88	4.3~5.8	4.5

表 1-1(续)

工程条件	巷道名称		
	丁集煤矿 1141(3)工作面机巷、风巷	刘庄煤矿 171301工作面机巷、风巷	口孜东矿 111303工作面机巷、风巷
工作面长度/m	201	300	324
开掘形状	矩形	直墙拱形	直墙拱形
巷道尺寸	4 m×3 m	5 m×4.5 m	5.8 m×4.3 m

在逐年增长的煤炭产量中,绝大多数来自井工开采,这就需要在井下开掘大量巷道。据不完全统计,国有大中型煤矿每年新掘进的巷道总长度高达 8 000 km 左右,80%以上开掘在煤层中,巷道支护是煤矿安全生产的重要环节[23],保持巷道畅通与围岩稳定对煤矿建设与安全生产具有重要意义[24],布置于煤层中的回采巷道受掘进、回采双重采动影响,巷道围岩变形异常严重。

深部巷道常发生强烈底鼓,巷帮内移鼓出,顶板出现网兜现象,顶角锚杆支护失效,支护体变形失稳加剧,巷道围岩长期蠕变,常前掘后修、前修后坏,片帮冒顶事故频发。几种深部煤巷围岩变形破坏现场图如图 1-2 和图 1-3 所示[25]。

（a）口孜东矿111303回采巷道底鼓

（b）口孜东矿111303回采巷道顶板开裂

（c）丁集煤矿1252(1)回采巷道顶板支护体失效

（d）丁集煤矿1252(1)回采巷道上帮网兜

图 1-2 深部煤巷围岩变形破坏现场图

制约深部巷道支护技术发展的瓶颈问题依然是支护理论与合理围岩稳定性控制技术的研究重点[26],对于深部回采巷道而言,在兼顾地质条件的同时还要综合考虑工程因素的影

图1-3　皖北矿区部分深部巷道围岩变形现场图

响。针对淮南矿区13-1煤回采巷道所处的埋深、煤厚变化以及工程条件的差异性,开展深部典型回采巷道的围岩变形破坏机理研究将为该类巷道的支护参数优化设计、采场布置及深部回采巷道围岩大变形控制提供理论保障,也为实现深部工作面安全高效回采提供有力的技术支撑。

皖北矿区的恒源煤矿、朱集西煤矿已陆续进入深部开采,深部高水平应力赋存条件下巷道围岩大变形破坏常见,"前掘后修、前修后坏"现象屡见不鲜。

五、国内外研究现状与综述

1. 深部巷道围岩变形破坏机理研究现状

19世纪末至20世纪初发展的古典压力理论认为,巷道围岩变形破坏是上覆岩层的重力引起的。随着开挖深度的增加,太沙基和普氏的塌落拱理论[27]被提出用以解释巷道顶板围岩垮落特征,前者认为塌落拱的形状类似矩形,后者则认为该形状是拱形。

随着刚性试验机的问世,分析岩石变形破坏全过程的弹塑性理论得以发展完善。采用相应的屈服准则(如最大拉应力准则、M-C屈服准则、H-B屈服准则、D-P屈服准则)[28-32]可以计算并得到不同区域的围岩应力、位移及塑性破坏范围,具有代表性的有芬纳公式和卡斯特奈公式[33-37],获得了巷道围岩变形破坏的分区特性,即塑性区、弹性区、原岩应力区。

20世纪80年代煤矿开采进入深部开采以后,前西德、前苏联等国家对深部回采巷道围岩变形破坏进行了大量研究,获得的成果颇丰[38-42]。鲁尔矿区先后对260个工作面回采巷道的矿压观测数据进行了统计分析,得到了顶、底板收敛量与开采深度、开采厚度、巷旁充填指数、底板岩性指数的多元回归公式,该回归公式的标准方差为0.3%,实测巷道收敛量与平均值的偏差约为9%;同时,对巷道底鼓量与这四种因素影响之间关系进行了定性分析和定量分析。

顿巴斯矿区对大量深部巷道矿压实测资料也进行了分析,得出了巷道掘进期间顶板、两帮位移量的经验公式;同时,А.Г.普洛托谢尼雅等还采用理论分析并计算了深井巷道的变形量[10]。

目前除德国和俄罗斯外,国外其他主要采煤大国的开采深度远没有达到我国中东部地区的开采深度。随着我国深部开采工程量的逐年增加,深部开采回采巷道围岩变形破坏机理研究成果渐多,总体可归纳为两大类:一类是开掘初期考虑损伤、扩容对深部回采巷道围岩稳定性的影响;另一类是回采期间支承压力对回采巷道围岩结构稳定性的影响分析。

在初掘期间,浅埋巷道开挖后变形破坏的塑性区可以用弹塑性力学知识解答,而深部巷道则应考虑(黏)弹塑性、损伤、扩容等影响。孙钧等[43]、陈宗基[44]、王仁等[45]和朱维申等[46]从(黏)弹塑性角度分析围岩的变形、失稳问题,贺永年等[47]、蒋斌松等[48]采用非关联法则对巷道受力变形进行弹塑性分析,获得了应力和变形的完整解;孙金山等[49]分析了软化对巷道围岩稳定性的影响;潘阳等[50]分析了基于 M-C 屈服准则的不同侧压系数对圆形巷道的变形影响;张小波等[51]基于 D-P 屈服准则分析了峰后应变软化与扩容对圆形巷道围岩弹塑性影响;李铀等[52]通过塑性力学求解新体系确定深部开采圆形巷道的塑性区;卢兴利等[53-54]采用高应力卸荷手段对深部岩体进行峰前卸围压试验,获得峰前损伤扩容、峰后碎胀扩容的特性及其参数;董方庭等[55]、靖洪文等[56]提出巷道围岩松动圈失稳破坏规律,并针对深井巷道围岩松动圈开展预分类研究;于学馥[57]认为,巷道围岩破坏的原因是应力超过岩体弹性极限,轴比因塌落改变,从而导致应力的重新分布。

在工作面回采期间,常布置于煤层巷道中的回采巷道因顶板、巷帮、底板的岩性、结构及工程条件的差异影响,其围岩变形破坏的机理更加复杂。

樊克恭等[58-59]认为,弱结构是影响回采巷道围岩失稳破坏的关键;郗进海[60]基于回采巷道顶板层状赋存特性,分析了巷道顶板围岩"拱-梁"结构变形破坏特征;陆士良等[61]针对采动巷道围岩变形规律提出"深表比"(巷道深部径向位移与巷道周边位移比值)概念,得出了原岩应力下巷道深表比呈负指数衰减、受采动影响后衰减缓慢;张农等[62]基于挤压"梁"模型,分析了回采巷道围岩顶板"零位移点"的存在以及零位移点以上向上运动、零位移点以下向下运动,通过实测研究证实了其客观存在,如图 1-4 所示。

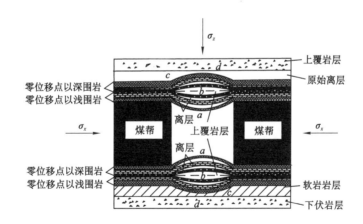

a—巷道围岩表面;*b*—零位移点位置;*c*—零位移点以深围岩最大位移位置;*d*—第二零位移点位置。

图 1-4 巷道顶、底板围岩挤压位移模型

2. 深部巷道围岩控制理论及技术研究现状

研究巷道围岩变形破坏机理的同时,相应的围岩控制理论及技术研究应运而生。塌落拱理论使人们认识到巷道围岩具有自承载能力。20 世纪 60 年代,奥地利学者 Rabcewicz(拉布塞维奇)提出了一种隧道设计施工的新方法,其核心思想是构建围岩与支护结构共同的支承环,后被称为新奥法[63];日本学者山地宏和樱井春辅提出应变控制理论,隧道围岩的应变随支护结构的增加而减小[64]。20 世纪 70 年代,Salamon(萨拉蒙)提出能量支护理论,认为巷道开挖后围岩释放一部分能量,支护结构吸收一部分能量,二者相当。随着地应力测试技术的完善,深部应力环境具有明显的方向性[65-66],澳大利亚学者 Gale[67] 在此基础上提出了最大水平应力理论,认为巷道走向与最大水平主应力方向平行布置最为有利。

我国学者董方庭等[55]提出围岩松动圈理论,认为裂隙与围岩扩张所产生的碎胀力作为支护的主要对象。方祖烈[68]提出主次承载圈理论,认为巷道周边是拉应力区域,这部分是次承载圈、深部围岩赋存于压应力区,这部分属于主承载圈。钱鸣高等[69]指出,深部高应力来自两个方面:① 原岩应力绝对升高;② 开采应力与原岩应力叠加,更易集中,称其为采动应力集中。该研究还提出,必须深入研究采动岩体中的关键层运动对深部资源开采的影响。

随着深部工程的增多,在前人研究的基础上,越来越多的深部回采巷道围岩控制理论得以发展和完善。除锚杆(索)的悬吊理论、组合梁理论、组合拱理论、减跨理论等传统支护理论外[70],何满潮等针对深部回采巷道的高应力软岩非线性大变形特性,提出了耦合支护理论,强调支护体与围岩在强度上、刚度上耦合,并提出关键部位耦合支护技术[71-73];张农等[62]基于"零位移点"以上岩层向上运动的挤压位移模型理论,提出了加长锚索锚固端于"深浅比"为负值的顶板压缩区、控制深部巷道围岩稳定性的技术;勾攀峰等[74]构建了顶板塌落拱下的"梁"力学分析模型,并且对深井巷道顶板锚固破坏特征进行了深入研究;余伟健等[75]针对深井复合顶板煤巷结构特点和力学性质开展理论分析,提出了高应力条件下高强度锚索支护技术(预应力桁架锚索为主、锚杆+锚索+钢筋网等支护为辅的综合控制技术);李桂臣[76]开展了软弱夹层层位对巷道围岩稳定性影响研究;康红普等[77]系统研究了煤巷锚杆的成套技术;刘正和[78]开展了顶板大深度切缝减小护巷煤柱宽度的研究;严红等[79]针对深井回采巷道预留变形大断面的特点,设计了大断面锚索桁架支护系统。

以上研究内容多为巷道顶板的控制理论及支护技术研究,对深部回采巷道帮部的控制研究如下:张华磊等[80]选用层裂结构分析回采巷道煤壁片帮,并提出注浆锚索首次应用于巷道帮部围岩的片帮治理;王卫军等[81]研究了加固两帮控制深部回采巷道底鼓机理;王卫军等[82-83]针对深部煤巷底鼓问题开展了支承压力、煤柱与回采巷道底鼓的关系研究;侯公羽[84]在分析、综述现有的巷道支护设计理论与方法的基础上,从巷道支护设计的基本特征、巷道开挖的力学原理入手,提出常规巷道支护设计的基本原理与方法。

3. 深部回采巷道围岩稳定性的模拟研究现状

(1)相似模拟试验

相似模拟试验是从事地下工程技术研究的重要手段之一。具体操作如下:按一定的相似比设计模拟试验方案、制作模型、布设监测系统,加载、开挖、卸载。目前,分析煤-岩巷道围岩变形破坏特征、支护机理以及围岩控制效果的文献报道已有不少。

朱德仁等[85]采用石膏胶结材料制作了相似模拟试验材料,设计了几何尺寸为 100 cm×100 cm×30 cm 的相似模型,开掘巷道模型尺寸为 21 cm×14 cm,进行三向加载试验,并且分析了三种不同支护条件及水平应力对巷道煤帮变形破坏特征的影响;勾攀峰等[86]采用两种不同配比的砂、石膏和碳酸钙分别模拟顶底板岩层、煤,并采用铝丝模拟锚杆,对不同水平应力作用下巷道围岩破坏特征进行了相似模拟研究;薛亚东等[87]对回采巷道围岩结构特征与变形破坏规律,进行了平面相似模拟试验,获得了不同围岩结构巷道的受力破坏形式;郤进海采用平面相似模拟对四种不同支护方式的巷道进行了相似模拟研究,测试了巷道围岩应力、位移、巷道顶底及两帮移近量、围岩裂隙发育情况;高明中等[88]在 3 m×1.1 m×0.3 m 平面试验台上模拟并分析了采场推进对煤巷顶板锚固体梁失稳的影响规律;顾金才等[89]、张强勇等[90]、陈旭光[91]、陈福坤[92]对深部岩巷围岩的分区破坏特性开展了相关研究。

（2）数值模拟计算

随着计算机技术的发展、相关弹塑性理论的完善,数值模拟计算成为研究深部回采巷道围岩变形破坏机理经济、有效的研究手段,在一定程度上弥补了模型试验工程量大、方案可变性难的不足。目前,较多的学者使用 FLAC、FLAC[3D]、UDEC 分析深部巷道掘进、支护、回采过程。

康红普[93]运用 FLAC3.3 分析了地应力、层理、节理分布及其强度和刚度、围岩强度等多种因素对巷道围岩变形和破坏的影响,与实测数据对比表明,其对几何非线性和大变形问题方面性能优越;李桂臣等[94]通过 FLAC5.0 分析了矩形、直墙拱、圆形等 6 种断面开挖后的围岩塑性区,对高地应力巷道提出优化断面形状的方案;韦四江等[95]采用 FLAC[3D]数值模拟分析了高强锚杆、锚索协调支护技术在掘巷、回采不同动压作用下的巷道矿压显现特征;周志利等[96]应用 FLAC[3D]数值模拟了不同巷宽下的围岩变形、破坏及应力变化规律;韦四江等[97]采用 UDEC 模拟获得了两帮和顶、底板一定距离内存在零位移的点和面;柏建彪等[98]采用 FLAC5.0 模拟获得了巷道底板一定距离内存在零位移点、零应变点。

六、深部煤-岩巷围岩稳定性控制研究存在的问题

1. 理论研究方面

针对深部煤-岩巷高应力赋存环境及水平应力的明显方向性,虽有诸多研究基于 M-C 屈服准则或 D-P 屈服准则考虑扩容、塑性软化对深部巷道围岩分区半径的影响,但鲜有综合不等压、高水平应力及扩容、塑性软化对深部煤-岩巷围岩分区变形破坏影响的报道。

2. 相似模拟方面

针对深部典型回采巷道围岩变形破坏规律的相似模拟研究较少,虽有不少的高应力巷道开挖模型试验,但多为岩巷围岩开挖,与煤巷特有的结构性差异大,需要研究高应力下煤巷围岩的应变、变形破坏特征。

3. 机理与机制方面

已有的数值模拟、深部回采巷道的现场实测研究发现,深部回采巷道围岩"零位移点"客观存在,但对其产生的机制研究较少,特别是试验及理论分析方面的研究鲜见报道。

七、深部高水平应力巷道围岩变形破坏特征与稳定性控制的研究内容

1. 深部高水平应力煤-岩围岩力学特征及变形破坏现状实测研究

以淮南矿区深部 13-1 煤典型回采巷道为工程背景,调研收集资料、开展围岩力学参数测试及地应力参数测试,获得深部典型回采巷道围岩应力赋存环境,并对深部典型回采巷道变形破坏现状及矿压显现特征开展现场实测研究。

2. 深部高水平应力煤巷的变形破坏特征的模型试验研究

结合深部回采巷道地质工程条件,按相似准则设计 4 组不同断面形状、大小的模型试验方案,通过垂直顶、底板方向外荷载梯度变化速率的不同模拟深部典型回采巷道开掘到回采受动压影响围岩应变特征,试验结束后对其沿中性面解剖,分析深部典型回采巷道围岩变形破坏规律。

　　3. 深部高水平应力煤-岩巷围岩稳定性影响因素的数值模拟研究

　　运用正交数值模拟方法,分析了采深、面长、采高、支护体长度(锚索长)4 种因素对深部典型回采巷道掘进、回采期间的围岩应力场、变形破坏场的影响,研究初掘期间塑性软化与深部典型回采巷道浅部拉破坏的关系,回采期间巷帮强烈支承压力与围岩大变形破坏的重要原因,进一步阐明皖北矿区深部岩巷的埋深、构造应力、岩性及支护形式等影响稳定的因素排序问题。

　　4. 深部高水平应力煤-岩围岩变形破坏机理研究

　　在初掘期间,简化巷道断面为圆形,基于实测地应力场环境,采用弹塑性软化、扩容模型按 M-C 屈服准则、D-P 屈服准则分析深部典型煤-岩巷围岩破坏分区范围与应变软化、初始支护力关系;在回采期间,运用关键层理论及"梁"结构,构建坚硬基本顶在超前及侧向支承压力作用下未加强支护与加强支护下的力学分析模型,分析其拉破坏及压缩变形的运动特征,探讨深部典型回采巷道顶板反弹的力学机制。

　　5. 深部高水平应力煤-岩巷围岩大变形防控研究

　　在总结深部典型煤-岩巷围岩变形破坏特征的基础上,提出深部高水平应力典型煤-岩巷道围岩稳定性控制原则,并优化相应大变形回采巷道的支护方案,解决深部典型煤-岩巷围岩大变形难防控的问题。

第二章　深部高水平应力煤岩巷围岩力学及矿压显现特征

针对深部回采巷道围岩大变形破坏特征,选取淮南矿区 13-1 煤煤巷和皖北矿区朱集西煤矿、恒源煤矿部分深部岩巷为典型条件,对其围岩工程地质环境及开掘支护现状开展调研,并且进行相关围岩力学参数测试,为后续模型试验、数值计算、理论分析提供可靠基础参数;同时,摸清深部典型回采巷道矿压显现特征,为针对性支护参数设计提供依据。

第一节　深部典型煤巷围岩赋存特征

一、丁集煤矿 1141(3) 工作面回采巷道

1. 地质概况

1141(3)工作面是淮南矿区丁集煤矿东一 13-1 煤首采面,煤层总厚度为 2.37～3.75 m,平均厚度为 2.88 m,煤层底板标高为 −579～−729 m,煤层倾角平均值为 7°,整体属近水平煤层。13-1 煤直接顶相变性大,一般为砂质泥岩、13-2 煤、泥岩组成的复合顶板。顶、底板综合柱状图如图 2-1 所示。

层位	岩石名称	厚度/m 最小～最大 平均	柱状图	岩性描述
基本顶	砂质泥岩	2.5～3.1 2.7		浅灰色, 致密, 块状, 断口平坦
直接顶	泥岩	2.6～3.5 2.9		灰色, 致密, 块状, 局部相变为细砂岩
	13-2煤	0.5～1.4 0.8		黑色, 条带状, 破碎
	砂质泥岩	0.5～8.69 2.7	回采巷道	灰～深灰色, 泥质结构, 裂隙发育, 局部相变为细砂岩
煤层	13-1煤	2.37～3.75 2.88	4 m	黑色, 块状为主, 中部少量粉末状, 性脆
直接底	泥岩	3.57～4.85 4.15		灰色, 致密, 块状, 性脆, 断口较平坦
基本底	粉砂岩	2.55～3.7 3.05		灰～深灰色, 致密, 坚硬, 硅、钙质胶结

图 2-1　1141(3)工作面综合柱状图

2. 工程条件

1141(3)工作面面长为 203 m，工作面推进方向长度为 2 122 m，俯斜推进。支护方案设计时，工作面两巷沿 13-1 煤顶板掘进，采用矩形断面，锚梁网支护（图 2-2），帮部选用 $\phi22$ mm、长度为 2.5 m 的 Ⅳ 级左旋螺纹钢超高强预拉力锚杆，顶板选用 $\phi22$ mm、长度为 2.8 m 的 Ⅳ 级左旋螺纹钢超高强预拉力锚杆，锚索规格和长度为：$\phi17.8$ mm×6.3 m。断面净宽×净高＝4.0 m×3.0 m。

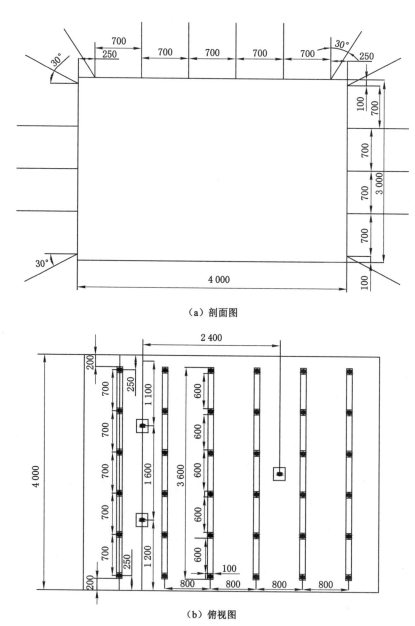

（a）剖面图

（b）俯视图

图 2-2 1141(3)工作面回采巷道开掘支护设计方案

二、刘庄煤矿 171301 工作面回采巷道

1. 地质概况

刘庄煤矿 171301 工作面是西部(西一)采区 C13-1 煤首采面,工作面开采标高为−515.7～−681.2 m,对应地表平均标高为+26.01 m;煤层倾角平均值为 7°;煤层厚度为 4.30～6.30 m(含夹矸),平均厚度为 5.14 m。1713012 工作面综合柱状图如图 2-3 所示。

层位	岩层柱状 (1:200)	层厚 /m	累厚 /m	岩石名称	岩 性 描 述
基本顶		2.99	4.21	细砂岩	浅灰～灰白色,主要成分为石英,长石,少量菱铁等暗色矿物,硅质胶结,菱铁及泥质线理、条带组成较清晰的水平层理,局部垂直裂隙发育
直接顶		1.22	1.22	泥岩	灰色,致密,性脆,含砂质,具粗糙感
13-1煤		0.65 (0.38) 4.11	0	13-1煤	黑色,以块状及片状为主,少量粒状,由亮煤、暗煤组成,夹有镜煤条带,弱玻璃光泽,属半暗～半亮型煤,顶板以下0.6 m左右发育一层稳定的夹矸,底部夹矸局部发育;夹矸岩性多为碳质泥岩,局部为泥岩
直接底		9.29	9.29	泥岩	深灰～灰色,含植物根部化石碎片,顶部1.00 m深灰色,含碳质较多,局部含菱铁结核
基本底		1.79	11.08	砂质泥岩	灰色,含菱铁结核,富含斜羽叶等植物化石碎片
底板		2.32	13.40	粉砂岩	浅灰～灰色,含白云母碎片,较硬含较多菱铁结核

图 2-3　171301 工作面综合柱状图

2. 工程条件

171301 工作面俯采倾向长 1 285 m,工作面长 300 m,胶带运输平巷、回风平巷和工作面切眼的顶板以 13-1 煤顶板上方 0.6 m 作为顶板基准线掘进,其运输平巷支护方案如图 2-4 所示。

三、口孜东矿 111303 工作面回采巷道

1. 地质概况

111303 工作面是淮南矿区口孜东矿 13-1 煤东区首采工作面,工作面标高为−742.5～−877.3 m,对应地表标高为+25.0～+25.6 m;111303 工作面 13-1 煤的厚度(含夹矸)为 3.9～5.7 m,平均厚度为 4.5 m;煤层倾角为 8°～14°,倾角平均值为 11°;工作面外段、中段、里段的顶板相变性大,多为复合顶板。111303 工作面综合柱状如图 2-5 所示。

2. 工程条件

口孜东矿 111303 工作面施工参数如下:可采走向平均长度为 1 757 m;切眼斜长为 324 m。

111303 工作面运输平巷支护方案如图 2-6 所示。开掘断面形状直墙半圆拱,采用锚网索支护,断面尺寸为 5.8 m×4.3 m。支护体规格及施工方案如下:

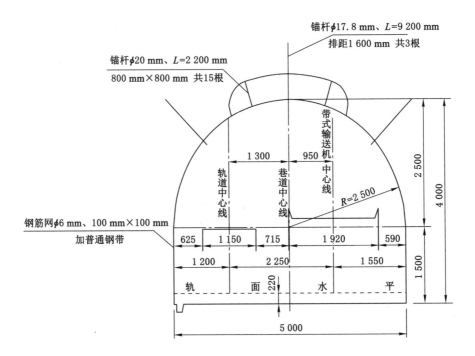

图 2-4 171301 工作面运输平巷支护方案

层位	岩性	岩性柱状 1:200	层厚 /m	累厚 /m	岩性描述
基本顶	细砂岩		5	8	青白色,成分以石英、长石为主
直接顶	泥岩		3	3	青灰色,致密,性脆
13-1煤	13-1煤		0.60 (0.4) 3.50	0	灰黑色,碎块状、碎粒状及粉末状,以暗煤为主
直接底	泥岩		4	4	灰色,岩性松软,含砂量不均

图 2-5 111303 工作面综合柱状图

锚杆:间排距为 700 mm×700 mm。锚杆施工时,巷道北帮增补 3 根锚杆,南帮增补 2 根锚杆,增补锚杆与同排临近锚杆间距为 350 mm,每排共增补 5 根锚杆加强支护,锚杆规格为 MG335。

网片:采用塑料网片与钢筋网片双层铺设,先铺设塑料网片,再铺设钢筋网片。塑料网片搭接长度不小于 40 mm;每排钢筋网片横向搭接加压普通 H 型钢带,搭接长度不小于 100 mm。

锚索:顶部锚索间排距为 1 200 mm×1 400 mm,每排 7 根,长度为 6 300 m;帮部锚索排距为 1 400 mm,每排 4 根,长度为 4 300 m,间距可根据墙高适当调整。

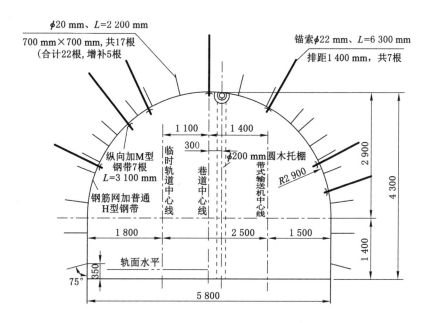

图 2-6　111303 工作面运输平巷支护方案

托棚:材质为 $\phi200$ mm 圆木托盘,间排距为一梁四柱,棚梁长度为 4 000 mm,每根柱子间距为 1 000 mm。

3. 小结

上述三组工作面回采巷道工程地质条件有一定的共性与差异性,具体如下:

(1) 共性:巷道都有一层较厚的基本顶,直接顶多以复合顶板为主,偶见基本顶直覆,巷道支护形式均采用锚网索支护。

(2) 差异性:① 巷道开掘形状(分矩形、直墙拱形两种)不同;② 巷道设计尺寸(12 m²、17.3 m²、21.3 m²)不一;③ 采高随煤厚变化大,介于 2～6 m;④ 工作面面长较长,变化大(201 m、300 m、324 m);⑤ 锚索支护体长度(6.3 m、9.2 m)也存在一定的差别。

虽然上述影响回采巷道围岩稳定性的工程参数设计在一定程度上考虑了地质条件的差异性,但整体依靠工程经验类比,对不同条件的影响程度分析,特别是进入深部开采以后针对性的回采巷道支护设计研究较少。

第二节　深部典型岩巷围岩赋存特征

一、朱集西煤矿 11 煤主要大巷巷道群概况

1. 地质概况

朱集西煤矿 11 煤主要大巷组成的巷道群位于主采煤 11 煤层底板中,以西翼 11 煤矸石运输大巷为例,其层位位于 11-2 煤底板下方 38.6～41.2 m 处,围岩岩性详见图 2-4,长期服务于朱集西煤矿主要生产采区各工作面。巷道群中紧邻断层构造异常区,巷道群围岩节理裂隙发育程度较高,巷道主要布置在泥岩细砂岩等岩层中,局部地区围岩十分松散软弱,围

岩整体强度较低。此外,巷道群在掘进过程中,受巷道布置密集及巷道断面大的影响,围岩节理裂隙进一步发育。主要破坏的表现形式为两帮强烈内移和严重底鼓以及顶板下移,有的巷道整体收敛量大,严重地影响着巷道的安全使用,如图 2-7 所示。

层厚 /m	岩层柱状	岩层名称	岩 性 描 述
0.45		煤线	黑色,易污手,条痕为黑色
11.45		泥岩	深灰色,断口次平坦状,多见植物化石,局部见菱铁质化石,具水平层理,具滑面
6.05		细砂岩	浅灰白色,成分以石英为主,次为长石,分选中等,次圆状,泥钙质胶结,不规则裂隙发育
7.90		泥岩	灰色,断口次平坦,局部粉砂岩含量高,具水平层理,见大量植物碳化石
1.60		粉砂岩	深灰色,断口次平坦状,具层理
10.25		细砂岩	浅灰白色,成分以石英为主,次为长石,分选中等,高角度垂直裂隙,未充填

图 2-7　西翼 11 煤主要大巷围岩岩性柱状图(矸石运输大巷)

2. 工程条件

该巷道群由 11 煤运输大巷、11 煤回风大巷、11 煤轨道大巷和 11 煤矸石运输大巷组成。11 煤运输大巷距离 11-2 煤底板 30.3~35.1 m,11 煤矸石运输大巷布置在 11-2 煤底板 38.6~41.2 m 处,11 煤轨道大巷布置在 11-2 煤底板 48.6~52.2 m 处,11 煤回风大巷布置在 11-2 煤底板 16.2~22.6 m 处。其平面图如图 2-8 所示;剖面图如图 2-9 所示。

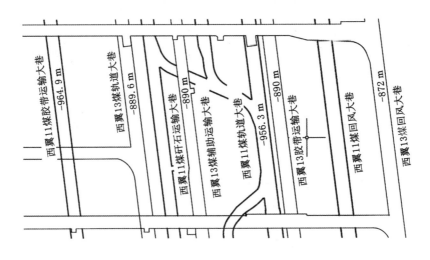

图 2-8　西翼 11 煤主要大巷巷道群平面图

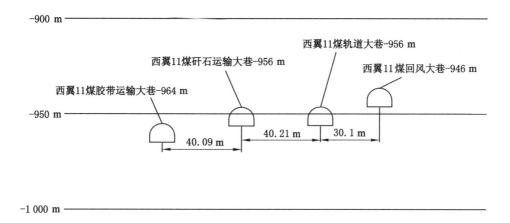

图 2-9　西翼 11 煤主要大巷巷道群剖面图

巷道施工断面(图 2-10)尺寸:净宽×净高=5 600 mm×4 600 mm;巷道在掘进期间受DF13 断层影响;施工段水文地质条件较为简单,主要充水水源为砂岩裂隙水,水量不大,静储量为主,富水性弱,局部区段可能出现淋滴水现象。

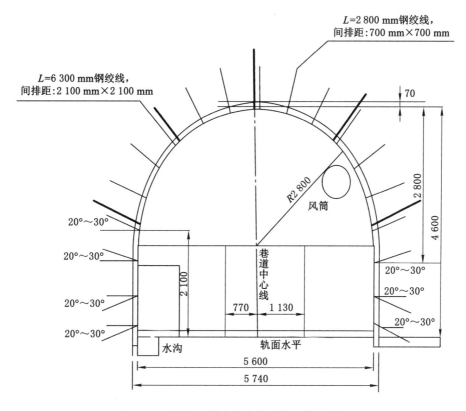

图 2-10　西翼 11 煤主要大巷巷道支护断面图

二、恒源煤矿－940 m 回风辅助石门概况

1. 地质概况

根据深部井首采区地面瞬变电磁超前探查成果资料,三水平暗主斜井前期掘进将经过地面瞬变电磁解释的 7# 异常区,分别位于 4 煤上方 30 m 和 60 m 处,两处异常区位置基本重合,疑似该异常区主要集中在 4 煤上部地层中。在－940 m 回风辅助石门和－940 m 回风主石门已设计钻孔探查该异常区,探查范围内基本无水;后期掘进将经过地面瞬变电磁解释的 I-3# 异常区,位于 4 煤上 60 m 处,该异常主要集中在 4 煤上部地层中,推断为 4 煤上 60 m 处的下石盒子组中部砂岩含水层。三水平暗主斜井属新区掘进,起始位置位于 4 煤底板下方 17.8 m 处的粉砂岩岩中,掘进过程中多次揭露铝质泥岩。4 煤顶、底板砂岩裂隙水("七含"水)赋存可能较丰富,以静储量为主,所以砂岩裂隙水对工作面掘进存在一定影响,是工作面直接充水水源。预计在掘进过程中,局部可能会出现顶板淋水现象,一般单点出水量不大于 5 m³/h。

2. 工程条件

－940 m 回风辅助石门采用直墙半圆拱形断面,巷道断面尺寸:净宽×净高＝5 000 mm×4 500 mm。根据工程部提供的地质资料、－940 m 回风辅助石门围岩特点,用工程类比法设计锚杆支护结构参数。在正常情况下,待开掘巷道与所选择的类比巷道条件不会有大的差异,一般都能够直接参照使用,这样设计出来的锚杆支护结构参数一般都能满足实际工程需要。根据地测部门提供地质资料分析,待开掘的－940 m 回风辅助石门与已施工的－940 m 回风主石门顶、底板岩性相似,通过对回风井井底车场掘进期间锚杆支护段监测、监控的数据分析,回风井井底车场锚杆支护结构参数设计可以满足实际工程需要。锚杆间排距为 700 mm×700 mm,锚杆选用左旋无纵肋等强螺纹钢锚杆,锚杆直径为 22 mm,长度为 2 500 mm;锚杆螺母采用防松螺母并配合减磨垫圈,托盘采用碟形托盘,规格为 200 mm×200 mm×10 mm,锚索选用 φ21.8 mm 的钢绞线、长度不小于 7 300 mm,锚索间排距 1 750 mm×2 100 mm,"三三"居巷中对称布置,如图 2-11 所示。

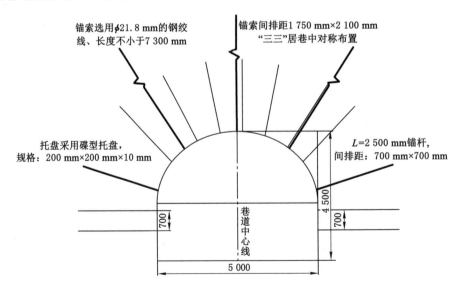

图 2-11 恒源煤矿回风辅助石门断面图

第三节　深部典型煤-岩巷围岩地质力学评估

为了获得淮南矿区深部 13-1 煤典型回采巷道围岩物理力学参数及赋存应力环境,深入研究不同应力环境、围岩力学特性下煤巷布置及支护方案,分别对丁集煤矿、口孜东矿、刘庄煤矿 13-1 煤围岩、朱集西煤西翼 11 煤轨道大巷、恒源煤矿回风辅助石门等进行了取芯试验以及深部水平大巷采用空心包体应力解除法进行了地应力测试,结合相关文献资料[99-100],拟合得到了淮南矿区深部地应力场的主应力及最大应力不均系数随采深变化等相关曲线,完成了淮南矿区深部 13-1 煤典型煤巷的地质力学参数测试工作。

一、深部典型煤岩巷围岩物理力学参数测试

1. 取样地点

丁集煤矿 13-1 煤煤巷围岩取芯地点分别选择在 1141(3)、1282(3) 回风巷及底板西一轨道大巷,取芯孔深度为 20～30 m。口孜东矿 13-1 煤煤巷围岩取芯地点分别选择在111303 工作面机巷(21# 钻场)、18-9 地面钻孔,井下顶板取芯孔深度 39 m。刘庄煤矿 13-1 煤煤巷围岩取芯地点分别选择在 171301、171303 工作面轨道平巷和胶带机运输大巷,井下顶板取芯孔深度为 20 m。朱集西煤矿取芯地点选择在西翼 11 煤轨道大巷,方位角为 110°,倾角为 90°,要求顶底板不少于 20 m,钻孔岩石段全长取芯;恒源煤矿取芯地点选择在－940 m回风辅助石门,方位角为 110°,倾角为 90°,要求顶、底板不小于 20 m。

2. 测试内容

物理性质测试内容:视密度、真密度。力学测试内容:单轴抗压强度、单轴抗拉强度、弹性模量、变形模量、泊松比、普氏系数。

3. 测试过程

第一步,对所取岩样进行分类编样,如图 2-12 所示。

（a）口孜东矿13-1煤顶板岩样　　　　　　　（b）口孜东矿13-1煤煤样

图 2-12　取芯孔岩样分类

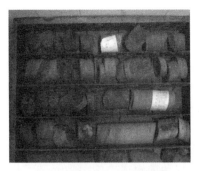
（c）刘庄煤矿13-1煤底板岩样

（d）丁集煤矿13-1煤1#钻孔顶板样

（e）朱集西煤矿西翼11煤大巷岩芯

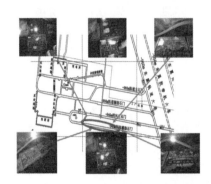
（f）恒源煤矿-940 m回风辅助石门取样

图 2-12 （续）

第二步，岩石试件切割、打磨。由于所取岩芯多由 $\phi72$ mm 钻头施工，因此需在实验室进行切割、打磨、加工成抗拉、抗压强度测试的近似标准试件。

由试件取芯及试件加工后（图 2-13）的结果可知，口孜东矿 21# 钻场顶板孔试件由现场送到实验室，经实验室测定可知，所取试件为破碎试件；在实验室里，经测量所取岩芯断块长度在10 cm 以上的只有 3 个，分别为 13 cm、21 cm、12 cm，因此 10 cm（含）以上的岩芯累计长度只有 46 cm，而钻孔的总长度为 39 cm。21# 钻场底板孔所取岩芯长度 27 cm，而送到实验室的试件取芯长度只有 16～27 cm，经测定没有 10 cm（含）以上的岩芯，由式（2-1）得到顶板孔 R. Q. D＝1.2％，底板孔 R. Q. D＝0。因此，可以判断顶板所取岩芯的质量指标极差，试验过程中只好用巴西劈裂法测试底板的单轴抗拉强度。R. Q. D 分析结果表明，13-1 煤底板围岩破碎。

$$\text{R. Q. D} = \frac{10 \text{ cm（含）以上岩芯累计长度}}{\text{钻孔总长度}} \times 100\% \tag{2-1}$$

第三步，将加工好的试件置于 RMT 力学试验机内进行相关围岩物理力学参数测试，如图 2-14 所示。

测试过程及试验后的试件如图 2-15 所示。

4. 测试结果

通过单轴抗拉、抗压强度测试，获得淮南矿区深部典型 13-1 煤顶、底板围岩标准试件的应力-应变曲线。部分测试结果如图 2-16 至图 2-19 所示。

（a）丁集煤矿1141(3)工作面1#孔标准试件

（b）口孜东矿13-1煤顶板岩样加工后试件

（c）口孜东矿13-1煤煤样加工后试件

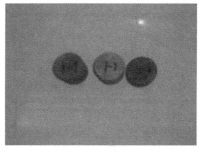

（d）口孜东矿13-1煤底板岩样加工后试件

（e）刘庄煤矿13-1煤顶、底板岩样加工后
标准试件（1#孔）

（f）刘庄煤矿13-1煤顶、底板岩样加工后
标准试件(2#孔)

（g）朱集西煤矿深部岩巷加工岩芯一览

（h）恒源煤矿深部岩巷加工岩芯一览

图 2-13　各矿加工后标准试件一览

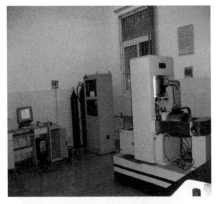

（a）岩石试件的RMT力学参数测试　　　　　　　　（b）煤样f值测试仪

图 2-14　淮南矿区深部 13-1 煤围岩物理力学参数测试仪器一览

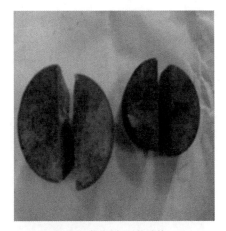

（a）单轴抗拉强度的　　　　　　　　　　　（b）劈裂破坏后的试件
巴西劈裂法测试

（c）单轴抗压强度测试

图 2-15　淮南矿区深部 13-1 煤围岩物理力学参数测试过程

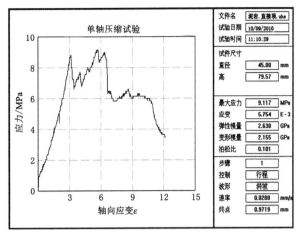

（a）直接顶样应力-轴向应变曲线（单轴抗压）

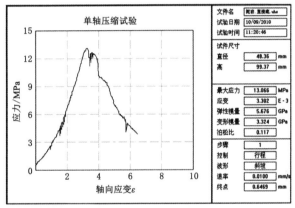

（b）直接底样应力-轴向应变曲线（单轴抗压）

图 2-16　丁集煤矿 1141(3)工作面 13-1 煤围岩力学参数测试结果

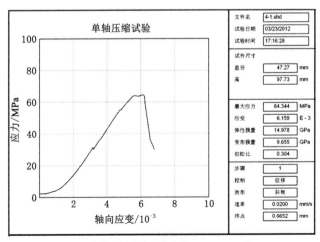

（a）单轴压缩应力应变曲线（8.4～10 m）

图 2-17　口孜东矿 111303 工作面煤岩单轴抗压应力-应变曲线(井下钻孔)

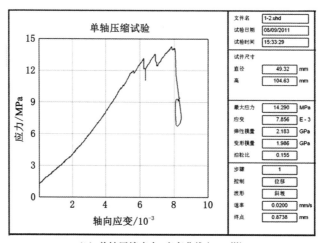

（b）单轴压缩应力-应变曲线（13-1煤）

图 2-17 （续）

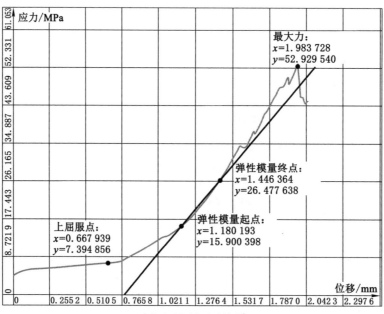

（a）1-14-15-1（2）砂

图 2-18 朱集西煤矿西翼 11-2 煤轨道大巷底板 14～15 m 处试件抗拉强度测试曲线

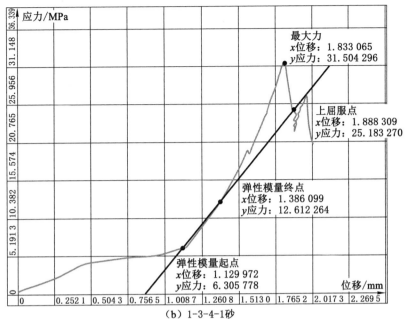

（b）1-3-4-1砂

图 2-18　（续）

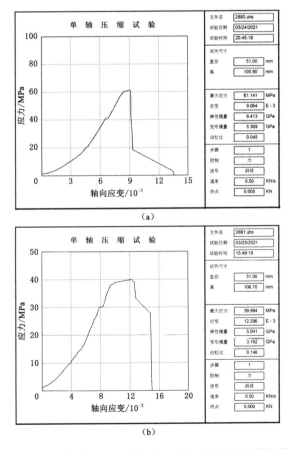

（a）

（b）

图 2-19　恒源煤矿回风辅助石门围岩抗压强度测试曲线

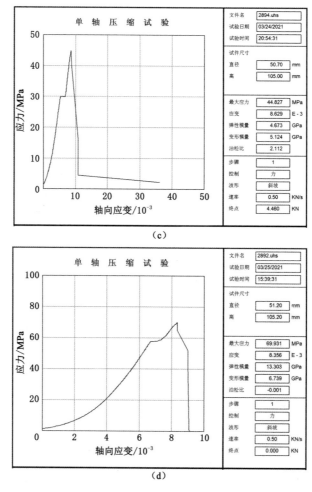

图 2-19 （续）

二、围岩力学参数测试结果分析

淮南矿区丁集煤矿、口孜东矿、刘庄煤矿的煤巷围岩力学参数测试结果如表 2-1 所列。

表 2-1 深部典型煤巷围岩力学参数测试结果

岩矿名	层位(厚度/m)	岩石名称	取样地点或深度/m	围岩力学参数					
				容重/(kg·m⁻³)	抗压强度/MPa	弹性模量/GPa	变形模量/GPa	泊松比	抗拉强度/MPa
丁集煤矿	基本顶(9)	砂岩	−711	2 628	121	22.7	20.3	0.08	
			−711	2 605		3.6	2.7	0.09	13
	直接顶(6)	泥岩	−714	2 457	9	2.6	2.2	0.10	
	13-1 煤	13-1 煤	−720	1 480					

表 2-1（续）

岩矿名	层位（厚度/m）	岩石名称	取样地点或深度/m	围岩力学参数					
				容重/(kg·m⁻³)	抗压强度/MPa	弹性模量/GPa	变形模量/GPa	泊松比	抗拉强度/MPa
丁集煤矿	基本顶(9)	砂岩	−711	2 628	121	22.7	20.3	0.08	
			−711	2 605		3.6	2.7	0.09	13
	直接顶(6)	泥岩	−714	2 457	9	2.6	2.2	0.10	
	13-1 煤	13-1 煤	−720	1 480					
	直接底(4)	泥岩	−724	2 439	13	5.7	3.3	0.12	
	(9~13)	砂岩	−807	2 594	105	34.5	23		
				2 589		20.3			8.1
				2 537		18.4			6.6
	基本顶(6~9)	砂岩	−811	2 524		15.6			3.4
	直接顶(0~5)	泥岩	−815	2 472		12.2			4.82
	13-1 煤	13-1 煤	−820	1 395					
	直接底(−3~−4)	泥岩	−824	2 375		3.5			7.1
	基本底(−4~−6)	砂岩	−826	2 421		12.8			11.5
口孜东矿	(35~38)		−803	2 553	78	8.6	6.1		
	(10~28)		−823	2 506	64	14.9	9.7		
	(8.4~10)		−841	2 491	61	14.3	9.6		
	煤层	13-1 煤	−851	1 405	14	2.2	1.9	0.16	
刘庄煤矿	基本顶	砂岩	−669	2 530	123	23.2	17.3		
	直接顶	砂质泥岩	−676	2 494	44	8.2	5.59		
	煤层	13-1 煤	−680	1 397					
	基本底	砂岩	−685	2 507	77	20.2	14.5		

备注：① 丁集煤矿 13-1 煤的 f 值分别为：$f_1=1.58$、$f_2=1.88$、$f_3=1.71$，平均值 1.72；② 口孜东矿 111303 工作面底板岩芯破碎，未取得合适标准岩样，这是深部煤巷强烈底鼓的重要原因之一；③ 表中相关空白处由于试验对象不同以及仪器误差，数据未测试到或测试不准确，所以舍弃。

通过汇总上表测试结果，获得深部典型煤巷围岩力学特征参数，见表 2-2。

表 2-2　深部典型煤巷围岩力学特征参数

层位（厚度/m）	岩石名称	取样地点标高/m	围岩力学参数			
			容重/(kg·m⁻³)	抗压强度/MPa	弹性模量/GPa	泊松比
基本顶(9)	砂岩	−671~−842	2491~2628	61~123	14.3~23.2	0.08~0.10
直接顶(3)	泥岩	−677~−848	2457~2494	9~44	2.6~12.2	0.10~0.12
13-1 煤	13-1 煤	−680~−851	1395~1405	8~18.8	1.25~2.8	0.16~0.25
直接底(2)	泥岩	−682~−853	2457~2494	13~71	3.5~5.7	0.12~0.15
基本底	砂岩	−685~−856	2421~2567	77~115	12.8~20.2	0.08~0.10

朱集西煤矿 11 煤轨道大巷及恒源煤矿—940 m 回风石门的顶、底板围岩力学参数,见表 2-3 和表 2-4。

表 2-3　朱集西煤矿 11 煤轨道大巷顶、底板围岩基础力学参数结果

岩性层位	岩层累厚/m	抗拉强度/MPa	抗压强度/MPa	破坏荷载/kN	弹性模量/GPa	泊松比
顶板层位	0～2	0.8～1.8	38.1～74.0	74.6～98.4	2.4～7.8	0.326
	2～3	2.3～8.4	33.3～109.1	56.4～207.7	2.41～7.0	0.296～0.342
	3～4	6.8	31.2～48.1	59.4～91.6	2.3～2.6	0.334
	4～6	2.5～3.0	46.4～71.4	88.4～135.9	1.9～3.5	0.325～0.342
	6～8	1.3～1.8	52.4	99.8	4.0	0.319
	14～15	1.3～6.0	23.1～98.0	43.9～186.6	1.9～8.2	0.326～0.339
	16～17	1.1	41.8	79.660	7.7	0.326
底板层位	0～3	0.7～8.4	37.2～58.5	55.6～97.4	2.21～10.2	0.206～0.587
	4～6	1.3～6.8	34.6～78.5	55.4～82.3	3.5～10.9	0.359～0.496
	7～9	2.5～3.0	39.9～69.9	75.4～105.9	4.6～13.5	0.315
	9～10	1.3～1.8	39.9～73.5	99.8	4.0	0.319
	10～11	2.4	49.6～98.0	94.3～186.6	4.0～8.2	0.326
	19～20	1.0～1.7	19.6～24.4	43.9～104.5	1.2～5.1	0.139

表 2-4　恒源煤矿—940 m 回风辅助石门顶、底板围岩基础力学参数结果

岩性层位	岩层累厚/m	抗拉强度/MPa	抗压强度/MPa	破坏荷载/kN	弹性模量/GPa	泊松比
顶板	0～5	1.8～6.4	36.8～47.9	82.3～97.1	4.8～9.7	0.306
	5～10	4.3～8.1	52.8～73.6	79.8～88.2	5.5～7.3	0.496～0.582
底板	0～5	1.7～3.3	36.5～58.5	64.5～87.4	6.4～10.2	0.216～0.584
	5～10	1.6～6.9	38.6～77.5	56.4～82.8	4.8～10.9	0.319～0.476

三、深部典型煤巷围岩地应力测试

通过对深部开采水平的地应力测试,获得深部煤巷围岩应力赋存环境,能为巷道围岩分类、巷道布置、断面形状及支护参数设计提供可靠依据[101-106],为后续的理论分析、数值计算提供准确可靠的基础参数,本书在淮南矿区口孜东矿—967 m 水平大巷、刘庄煤矿—726 m 水平大巷、新集一矿—700 m 水平大巷、新集二矿—750 m 水平大巷、朱集西煤矿西翼 11 煤轨道大巷、恒源煤矿回风辅助石门等矿井深部水平开展了相关地应力测试工作。目前,地应力测量的常用方法有"应力恢复法、应力解除法、应变解除法、水压致裂法、声发射法、X 射线法及重力法"7 类[107],相对于水压致裂法获得的平面应力测量而言,套孔应力解除法能够方便迅速地获得最准确、最可靠的地应力数据,在经济上也是最合理的[108]。本书采用空心包体应力解除法测试相应的深部地应力场。

1. 空心包体地应力测量原理与方法

（1）空心包体应力计结构

本次地应力测量是空心包体类三维应力测量。该方法使用的应变计最早于 1976 年由澳大利亚联邦科学与工业研究院(CSIRO)首先研制,记为 CSIRO 型空心包体。本次测试采用了中国地质科学院地质力学研究所研制的 KX-81 型空心包体应变计,如图 2-20 所示。

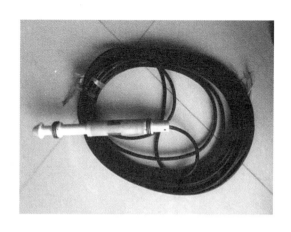

图 2-20　空心包体应变计

空心包体应变计的主体是一个用环氧树脂制成的壁厚 3 mm 的空心圆筒,其外径为 36 mm,内径为 30 mm。在空心圆筒的外壁中间部位,即直径 35 mm 处沿同一圆周等间距 (120°)嵌埋着 3 组 KX-81 型空心包体应变花。每组应变花由 4 支应变片组成,相互间隔 45°。在应力计的顶部设有一个补偿应变片,以消除温度变化对测量结果的影响。

(2) 空心包体测量结构及应力计算

空心包体测量地应力是应力解除法测量地应力技术中的一种,它是通过改变岩体应力状态,使岩体产生应变响应的简捷方法。所谓钻孔应力解除技术,就是将一段岩石通过取芯 (套芯技术)从周围岩体施加给它的应力场内隔离开来的方法。空心包体应变法应力解除钻孔结构如图 2-21 所示。

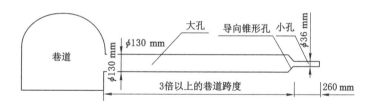

图 2-21　地应力测量钻孔结构示意图

应变花沿圆周均匀分布,其间隔夹角为 $\dfrac{2\pi}{3}$;每组应变花有 4 支应变计,其与 x 轴(钻孔深度)方向夹角分别为 $0°$(轴向)、$\dfrac{\pi}{4}$、$\dfrac{\pi}{2}$(环向)、$\dfrac{3\pi}{4}$,如图 2-22 所示。据此可以推导计算各个应变片上的应变值,即:

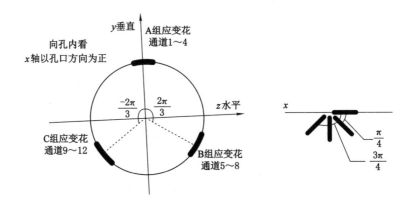

图 2-22　KX-81 型空心包体应变片分布图

$$
\begin{cases}
\varepsilon_\theta = \dfrac{(\sigma_x + \sigma_y) - 2(\sigma_x - \sigma_y)(1 - \mu^2)\cos 2\varphi - 4\tau_{xy}(1 - \mu^2)\sin 2\varphi - \mu\sigma_z}{E} \\[2mm]
\varepsilon_z = \dfrac{\sigma - \mu(\sigma_x + \sigma_y)}{E} \\[2mm]
\gamma_{\theta z} = \dfrac{4(1 + \mu)(\tau_{yz}\cos\varphi - \tau_{zx}\sin\varphi)}{E} \\[2mm]
\varepsilon_{\pi/4} = \dfrac{\varepsilon_\theta + \varepsilon_z + \gamma_{\theta z}}{2} \\[2mm]
\varepsilon_{-\pi/4} = \dfrac{\varepsilon_\theta + \varepsilon_z - \gamma_{\theta z}}{2}
\end{cases}
\tag{2-2}
$$

根据弹性力学理论知识可推导出原岩应力状态的 6 个应力分量（σ_x、σ_y、σ_z、τ_{xy}、τ_{yz}、τ_{zx}），从而计算钻孔后圆柱坐标系下的 6 个应力分量，即：σ_r、σ_θ、$\sigma_x{}'$、$\tau_{r\theta}$、τ_{zx}、τ_{rz}。考虑到空心包体测量地应力过程中，由于包体本身的结构特征，使应变片不是直接贴合在孔壁上，而是与孔壁之间有 1.5 mm 左右的小间隙以及孔壁与包体外壁之间本身也存在一定的微小间隙，对上式需要进行修正。

建立一个过渡坐标系 $x'y'z'$，即首先将 $[\sigma]_{xyz}$ 坐标转换为 $[\sigma]_{x'y'z'}$。其坐标为钻孔倾角 α。其关系为：

$$
[\sigma]_{x'y'z'} = [T_\beta][\sigma]'_{xyz}
\tag{2-3}
$$

类似地，再将 $x'y'z'$ 过渡坐标系下的地应力分量旋转钻孔的方位角 β，可得到最终结果：

$$
[\sigma]_{xyz} = [T_\beta][\sigma]_{x'y'z'}
\tag{2-4}
$$

至此，钻孔应力测量结果的应力分量最终表示为大地坐标系下的应力，最后通过弹性力学知识，很容易获得主应力的大小（σ_1、σ_2、σ_3）。

2. 实测过程及结果分析

在淮南矿区不同埋深开展了深部矿井地应力测试工作（表 2-5），相应测点选择如：

① 测试地点的地应力状态应能反映该区域的一般情况，所选地点应具有代表性。

② 根据地应力测试方法的要求，应尽可能地在较完整、均质、层厚合适的煤层顶、底板稳定岩层中进行。

③ 应避免地应力观测期间与巷道施工或其他生产工序的相互影响。

表 2-5 淮南及皖北矿区深部地应力测试测点位置一览表

序号	测点号	钻孔位置	深度/m
1	新集一矿 1#	北中央−580 m 轨道石门联巷	−580
2	新集一矿 2#	9 煤联巷	−580
3	新集一矿 3#	中央行人暗斜井	−700
4	新集一矿 4#	西区回风石门右帮西 30 m	−580
5	新集一矿 5#	西区行人暗斜井	−700
6	新集一矿 6#	西三回风石门	−700
7	新集二矿 1#	胶带石门联巷中水平的探水钻场内	−740
8	新集二矿 2#	运输石门与充电硐室交叉处	−750.9
9	新集二矿 3#	−750 m 东大巷弯道向里处	−750
10	口孜东矿 2#	−967 m 矸石仓三岔口	−960.5
11	口孜东矿 3#	−967 m 西翼轨道大巷与单轨吊交换站回风巷交汇口	−958.5
12	口孜东矿 4#	−967 m 西翼轨道大巷与单轨吊交换站回风巷交汇口	−958.3
13	刘庄煤矿 1#	西区制冷硐室 Z15 点东约 20 m	−743.6
14	刘庄煤矿 2#	东一轨道大巷 ED5 点西约 300 m	−750.7
15	刘庄煤矿 3#	东三采区变电所中点东约 5 m	−749.6
16	朱集西煤矿 1#	西翼 11 煤轨道大巷 G44 点附近	−962
17	朱集西煤矿 2#	西翼 11 煤轨道大巷 G43 点附近	−962
18	朱集西煤矿 3#	西翼 11 煤轨道大巷 G41 点附近	−962
19	恒源煤矿 1#	−940 m 回风辅助石门 R8 和 R9 点之间间隔 10 m	−940
20	恒源煤矿 2#	−940 m 回风辅助石门 R8 和 R9 点之间间隔 10 m	−940
21	恒源煤矿 3#	−940 m 回风辅助石门 R8 和 R9 点之间间隔 10 m	−940

不同测点地应力测试结果见表 2-6。

表 2-6 深部矿井不同测点地应力测试结果

测点	钻孔位置	深度/m	主应力/MPa		方位角/(°)	倾角/(°)	各主应力方位示意图
新集一矿 3#	中央行人暗斜井	−700	σ_1	22.5	92.5	19.48	
			σ_2	19.7	7.12	65.54	
			σ_3	14.2	201.86	−14.43	

表 2-6(续)

测点	钻孔位置	深度/m	主应力/MPa		方位角/(°)	倾角/(°)	各主应力方位示意图
新集一矿 5#	-700m 西区行人暗斜井	-700	σ_1	23.5	89.2	13.76	
			σ_2	19.8	231.4	68.62	
			σ_3	13.6	179.1	-6.75	
新集一矿 6#	西三回风石门	-700	σ_1	23.1	69.5	15.72	
			σ_2	20.2	112.5	-72.23	
			σ_3	15.0	160.4	2.33	
新集二矿 1#	-740 m 水平探水钻场	-740	σ_1	24.0	108.18	-9.17	
			σ_2	15.7	75.46	-59.98	
			σ_3	9.4	23.04	-20.76	
新集二矿 2#	运输石门与充电硐室交叉处	-750.9	σ_1	21.2	103.83	11.31	
			σ_2	15.2	76.06	62.69	
			σ_3	11.4	193.85	16.04	
新集二矿 3#	-750 东大巷弯道向	-750	σ_1	22.6	106.87	-2.08	
			σ_2	13.3	45.37	-83.92	
			σ_3	10.1	197.14	-15.38	
口孜东矿 2#	-967 矸石仓三岔口	-960.5	σ_1	33.8	120.87	-2.10	
			σ_2	15.1	32.57	39.01	
			σ_3	12.9	208.29	50.92	
口孜东矿 3#	-967 西翼轨道大巷	-958.5	σ_1	31.97	120.87	-2.10	
			σ_2	14.04	32.57	39.01	
			σ_3	24.3	208.29	50.92	

表 2-6(续)

测点	钻孔位置	深度/m	主应力/MPa		方位角/(°)	倾角/(°)	各主应力方位示意图
口孜东矿 4#	−967 西翼轨道 大巷	−958.3	σ_1	37.5	122.29	1.48	
			σ_2	16.8	32.28	0.54	
			σ_3	14.2	102.03	−88.43	
刘庄煤矿 1#	西区制冷 硐室 Z15 点	−743.6	σ_1	22.2	96.18	5.51	
			σ_2	16.5	186.27	−84.41	
			σ_3	13.4	197.78	0.93	
刘庄煤矿 2#	东一轨道 大巷 ED5 点	−750.7	σ_1	20.8	89.90	15.11	
			σ_2	15.4	259.11	74.63	
			σ_3	11.3	179.15	−2.74	
朱集西 煤矿 1#	西翼 11 煤 轨道大巷	−962	σ_1	25.62	192	79	
			σ_2	22.89	106	16	
			σ_3	18.42	17	23	
朱集西 煤矿 2#	西翼 11 煤 轨道大巷	−962	σ_1	28.63	98.3	21.82	
			σ_2	23.68	22.8	83.8	
			σ_3	18.55	16.2	34.5	
朱集西 煤矿 3#	西翼 11 煤 轨道大巷	−962	σ_1	29.92	94.5	10.8	
			σ_2	22.39	174.7	80.2	
			σ_3	16.35	13.1	52.2	
恒源煤 矿 1#	−940 回风 辅助石门	−940	σ_1	28.61	109.9	25.1	
			σ_2	17.61	79.9	14	
			σ_3	11.45	16	22	

表 2-6(续)

测点	钻孔位置	深度/m	主应力/MPa		方位角/(°)	倾角/(°)	各主应力方位示意图
恒源煤矿 2#	−940 回风辅助石门	−940	σ_1	27.91	129.21	41.23	
			σ_2	19.90	39.76	54.65	
			σ_3	13.35	95.58	108.42	
恒源煤矿 3#	−940 回风辅助石门	−940	σ_1	29.18	114	11.6	
			σ_2	19.89	164.7	82.1	
			σ_3	12.27	13.1	42.2	

将上述实测数据结合部分淮南矿区深部地应力实测的文献查询结果,统计得到淮南矿区深部地应力场参数,见表 2-7。

表 2-7 淮南矿区深部典型地应力场参数

矿名	深度/m	最大水平主应力/MPa	最小水平主应力/MPa	垂直应力/MPa	数据来源
新集一矿	−700	23.5	15.2	20.6	实测
	−700	23.5	13.6	19.8	实测
	−700	23.1	15.0	20.2	实测
新集二矿	−740	19.3	13.4	17.4	实测
	−750.9	20.0	13.7	17.8	实测
	−750	22.5	14.2	19.7	实测
口孜东矿	−960.5	30.15	21.05	27.6	实测
	−958.5	31.97	14.04	23.4	实测
	−958.3	37.27	20.63	24.3	实测
	−967	37.3	20.6	24.3	实测
望峰岗	−817	20.3	17.1	17.2	文献[100]
	−820	22.2	21.1	19.9	文献[100]
	−843	20.1	11.8	18.5	文献[100]
	−983	23.4	12.1	21.6	文献[100]
朱集面煤矿	−1 020	27.5	17.4	21.3	实测
	−928	22.0	17.0	19.0	实测
	−965	23.2	13.0	21.0	实测
刘庄煤矿	−743.6	22.25	12.75	16.5	实测
	−750.7	20.97	11.02	15.4	实测
	−749.6	19.83	11.58	16.4	实测

表 2-7(续)

矿名	深度/m	最大水平主应力/MPa	最小水平主应力/MPa	垂直应力/MPa	数据来源
顾桥煤矿南区	−817	30.7	17.8	18.1	文献[99]
新集二矿	−845	26.0	18.8	22.8	实测
潘一东	−847	30.02	9.46	19.83	实测
丁集煤矿	−910	44.1	36.2	36.4	实测
谢一煤矿	−960	24.1	12.4	21.6	文献[99]
朱集西煤矿	−962	25.62	18.42	22.89	实测
		28.63	18.55	23.68	实测
		29.92	16.35	22.39	实测
恒源煤矿	−940	29.18	12.27	19.89	实测
		27.91	13.35	19.90	实测
		28.61	11.45	17.61	实测

绘成散点图,拟合得到淮南矿区深部地应力与采深的关系式,如图 2-23 所示。

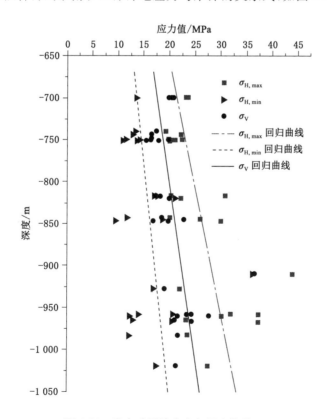

图 2-23 淮南矿区地应力与深度的关系

(1) 利用最小二乘法处理,得到淮南矿区深部围岩的地应力拟合公式如下(适用条件:埋深为 700~1 020 m):

① 水平最大主应力：

$$\sigma_{H,max} = 0.032\ 73H + 1.387\ 39 \tag{2-5}$$

② 水平最小主应力：

$$\sigma_{H,min} = 0.017\ 29H + 1.636\ 15 \tag{2-6}$$

③ 垂直主应力：

$$\sigma_V = 0.023\ 7H + 1.038\ 56 \tag{2-7}$$

测试结果表明：淮南矿区深部地应力场以构造应力为主，三个主应力的关系为：$\varGamma = 0.000\ 590\ 023H + 1.178\ 61$，三个主应力随深度呈线性增加，最大水平主应力与最小水平主应力相差很大，地应力场的方向性明显，最大水平主应力的方位角介于 N69.5°E～N122.29°E 之间一般为东西向，即 N90°E，属于 $\varGamma = 0.000\ 590\ 023H + 1.178\ 61$ 型应力场，与文献[110]较吻合。

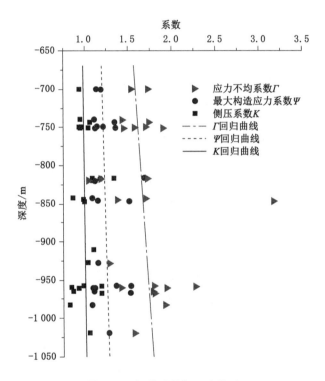

图 2-24　相关系数与深度关系

（2）数据处理得到淮南矿区深部围岩的应力不均系数、最大构造应力系数及侧压系数拟合公式如下：

① 应力不均系数：

$$\varGamma = 0.000\ 590\ 023H + 1.178\ 61 \tag{2-8}$$

② 最大构造应力系数：

$$\varPsi = 0.000\ 219\ 532H + 1.053\ 57 \tag{2-9}$$

③ 侧压系数：

$$K = 0.000\ 069\ 446\ 4H + 0.943\ 32 \tag{2-10}$$

分析图 2-22 可知,侧压系数 K 随深度的变化不是很明显,总体上分布在 1 左右。将埋深 900 m 代入式(2-9)和式(2-10),可以得到最大构造应力系数为 1.25,则最小应力与垂直应力的比值在 0.75 左右。

目前,关于地应力对巷道围岩稳定性影响的研究较多,最大水平主应力理论分析认为[67]巷道布置的方向与最大水平应力方向一致时,最大水平主应力对巷道顶、底板稳定性影响最小;相反,当二者正交时,最大水平主应力对巷道顶、底板稳定性影响最大。然而,董方庭教授对此理论有一定的质疑[109],该理论忽略了以下两点:

① 巷道走向沿最大水平主应力布置时,即最小水平应力垂直于巷道两帮,当其与垂直应力相差很大时,根据特雷斯卡(Tresca)的最大剪应力理论,垂直主应力与最小水平应力的高应力差亦是巷道围岩不稳定的主要影响因素之一。

② 深部煤巷开掘后至工作面回采期间,巷帮垂直应力通常高于水平应力。因此,对于煤巷围岩稳定性控制而言,与最大主应力方向成一定夹角布置的煤巷有可能使巷道垂直应力与水平应力的应力差值相对减小,其更有利于煤巷围岩长期稳定,详细分析见本书第六章二节。最大水平应力理论下的围岩应力状态与实际掘进回采期间的围岩应力状态对比如图 2-25 所示。

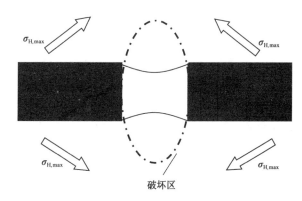

（a）只考虑水平应力的围岩状态

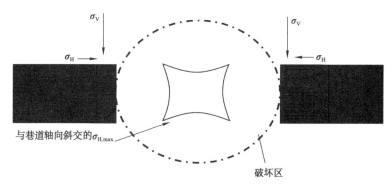

（b）煤巷实际应力水平的围岩状态（平面应变）

图 2-25　不同条件下的围岩状态对比

第四节　深部典型煤巷矿压显现特征

由本章第一节可知,淮南矿区 13-1 煤的开采埋深目前普遍处于－600 m 以下,13-1 煤整体较厚[21],开采厚度变化较大,顶、底板相变性大,巷道围岩强度低,围岩变形破坏较多,需要深入研究其矿压显现特征。

对淮南矿区深部 13-1 煤煤巷开掘支护现状开展了现场调研、表面位移实测等相关矿压观测工作,获得了深部典型煤巷围岩变形破坏的矿压显现特征。

由图 2-26 分析可知,采用锚网索支护的 111303 工作面煤巷围岩变形破坏十分严重,掘进期间滞后掘进面补打的木点柱压裂失稳[图 2-26(a)]、顶角锚杆托盘受压挤出[图 2-24(b)],工作面尚未回采整个断面就刷扩一次;在工作面回采期间,受采动影响变形量更大,巷道底鼓量大、回采巷道开掘断面收缩严重,原开掘尺寸为 5.8 m×4.3 m 的直墙拱形断面待回采工作面临近时收缩至:宽×高＝3 m×2 m,修护工程量大,通常 5～6 个修护队伍超前修护仍然难以改善煤巷围岩大变形破坏的现状。

（a）信号柱因压裂失稳

（b）顶角锚杆支护失效

（c）巷道底鼓

（d）巷道断面收缩严重

图 2-26　口孜东矿 111303 工作面煤巷围岩变形实拍

对口孜东矿深部 113013 工作面(－780～－840 m)煤巷掘进、回采期间的围岩表面位移、顶板离层进行了现场实测研究,获得了相应的围岩变形量见表 2-8。在表 2-8 中,Ⅰ测站、Ⅱ测站分别设在巷道掘进期间距迎头 1.5 m 及回采期间距切眼 198 m 的运输巷中。

表 2-8　111303 工作面运输巷不同阶段围岩移近量统计表

时间	机巷		I 测站顶、底板		I 测站两帮		时间	机巷		II 测站顶、底板		II 测站两帮	
	进尺/m	距掘进面/m	移近速度/(mm·d⁻¹)	累计量/mm	移近速度/(mm·d⁻¹)	累计量/mm		退尺/m	距煤壁/m	移近速度/(mm·d⁻¹)	累计量/mm	移近速度/(mm·d⁻¹)	累计量/mm
111303机巷掘进期间	3.5	5	20	20	17	17	111303工作面回采期间	115.3	82.7	10	10	8	8
	14.8	16.3	32	52	19	36		120.2	77.8	18	28	12	20
	26.9	28.4	38	90	23	59		125.4	72.6	22	50	13	33
	38.1	39.6	40	130	24	83		131.1	66.9	35	85	15	48
	49.7	51.2	32	162	20	103		137.2	60.8	39	124	26	74
	62.4	63.9	24	186	15	118		143.8	54.2	42	166	37	111
	75.6	77.1	19	205	16	134		150.3	47.7	54	220	49	160
	87.3	88.8	10	215	10	144		156.5	41.5	60	280	58	218
	99.2	100.7	9	224	11	155		162.2	35.8	78	358	73	291
	110	111.5	8	232	9	164		168	30	84	442	82	373
	122.5	124	7	239	8	172		174	24	102	544	97	470
	134.6	136.1	8	247	7	179		179.4	18.6	113	657	105	575
	146.4	147.9	6	253	8	187		184.6	13.4	119	776	112	687
	158.7	160.2	5	258	5	192		190.7	7.3	122	898	120	807
	171.5	173	5	263	4	196		196.5	1.5	125	1023	121	928

111303 工作面掘进、回采期间机巷 I、II 测站的顶、底变形曲线如图 2-27 所示。

由表 2-8 及图 2-27(a)可知,111303 工作面机巷在掘进期间顶、底板移近速度较两帮移近速度大,巷道底鼓量大、为保证断面大小,卧底工程量大。在掘进面后方 39.6 m 处,顶、底板移近速度、两帮移近速度分别达到峰值 40 mm/d、24 mm/d;在掘进面后方 88.8 m 处,煤巷围岩基本稳定(以小于 10 mm/d 波动变形为准)。在掘进期间,顶、底板移近量明显大于两帮移近量,到基本稳定结束观测时,其变形分别为 263 mm、196 mm,机巷初掘期间围岩较稳定,但对于走向长度 1 730 m(较长)的深埋煤巷而言,其蠕变变形量大(稳定在 3~5 mm/d),长期变形不可忽视。

在回采期间,111303 工作面机巷顶底板移近速度仍较两帮移近速度大,随着回采工作面临近,工作面机巷围岩变形量明显增加,采动影响分区明显,明显影响工作面前方 77.8 m(变形速度达 10 mm/d),剧烈影响工作面前方 47.7 m(变形速度达 50 mm/d)。在回采影响期间,深埋 111303 机巷的顶底、两帮累计移近量 1 023 mm、928 mm,相对浅部煤巷围岩变形而言,深部典型煤巷围岩受采动影响更明显,变形量大,巷道底鼓严重,顶、底板变形大于

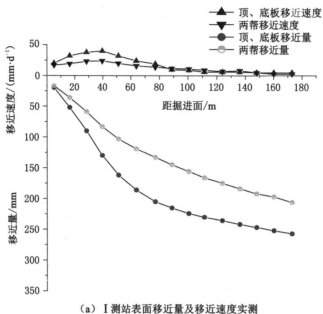

（a）Ⅰ测站表面移近量及移近速度实测

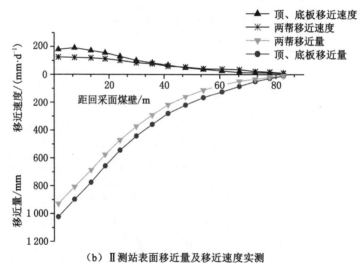

（b）Ⅱ测站表面移近量及移近速度实测

图 2-27　111303 工作面机巷围岩变形曲线

两帮变形。

相应地,在 111303 工作面掘进、回采期间回风巷布置Ⅲ、Ⅳ测站,其表面位移实测结果见表 2-9,变化曲线如图 2-28 所示。

表 2-9　111303 工作面回风巷不同阶段围岩移近量统计表

时间	风巷		Ⅲ测站 顶、底板		Ⅲ测站 两帮		时间	机巷		Ⅳ测站 顶、底板		Ⅳ测站 两帮	
	进尺 /m	距掘 进面/m	移近速度 /(mm·d⁻¹)	累计量 /mm	移近速度 /(mm·d⁻¹)	累计量 /mm		退尺 /m	距煤壁 /m	移近速度 /(mm·d⁻¹)	累计量 /mm	移近速度 /(mm·d⁻¹)	累计量 /mm
111303风巷掘进期间	3.9	5.1	18	18	15	15	111303工作面回采期间	114.7	83.3	15	15	9	9
	13.5	14.7	30	48	21	36		121.0	77	19	34	14	23
	24.3	25.5	39	87	29	65		126.1	71.9	22	56	13	36
	36.4	37.6	44	131	28	93		131.8	66.2	35	91	21	57
	48.7	49.9	36	167	30	123		137.9	60.1	39	130	29	86
	61.2	62.4	29	196	19	142		145	53	42	172	40	126
	73.9	75.1	24	220	14	156		151.7	46.3	50	222	46	172
	87.6	88.8	16	236	10	166		157.5	40.5	60	282	59	231
	98.7	99.5	13	249	11	177		163.5	34.5	73	355	77	308
	105	106.2	9	258	9	186		169.2	28.8	88	443	87	395
	120	121.2	6	264	7	193		175.3	22.7	105	548	96	491
	133.3	134.5	8	272	6	199		179.9	18.1	132	680	110	601
	146	147.2	7	279	5	204		184.6	13.4	149	829	128	729
	157	158.2	4	283	3	207		191.3	6.7	162	991	152	881
	173.8	175	3	286	3	210		197.2	0.8	185	1 176	180	1 061

　　由表 2-9 及图 2-28(a)可知,111303 工作面风巷掘进期间顶、底板移近速度较两帮移近速度大,其底鼓量较大,同机巷。在掘进面后方 37.6 m、49.9 m 处,顶、底板移近速度、两帮移近速度分别达到峰值 44 mm/d、30 mm/d;在掘进面后方 99.5 m 处,煤巷围岩基本稳定(以小于 10 mm/d 波动变形为准),到稳定停止观测时,顶、底板移近量始终大于两帮移近量,最终为 286 mm、210 mm,略大于机巷。整体而言风巷初掘期间围岩较稳定,但对于深埋同样走向长度回风巷而言,长期蠕变变形仍不可忽视。

　　在回采期间,111303 工作面回风巷表现出和机巷相似的矿压显现特征,工作面回风巷围岩变形量明显增加,采动影响分区明显,明显影响工作面前方 83.3 m(变形速度达 10 mm/d),剧烈影响工作面前方 46.3 m(变形速度达 50 mm/d)。在回采影响期间,深埋 111303 机巷的顶底、两帮累计移近量 1 176 mm、1 061 mm,相对机巷而言略有增加,巷道底鼓严重,顶、底板变形大于两帮变形。

　　对 1141(3)工作面回风巷回采期间的矿压实测结果表明:1141(3)工作面回风巷断面收缩至:宽×高=3.79 m×1.66 m,相对于原开掘断面 5 m×3 m 而言(较设计方案有一定的

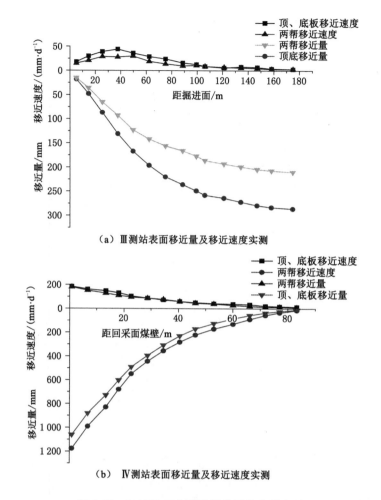

（a）Ⅲ测站表面移近量及移近速度实测

（b）Ⅳ测站表面移近量及移近速度实测

图 2-28　111303 工作面回风巷围岩变形实测

扩大），收缩率达到 58.1%。

第三章 深部高水平应力煤巷围岩变形破坏特征的真三轴模型试验研究

为了分析采深、开掘断面形状及断面尺寸对煤巷围岩稳定性的影响,研究深部煤巷围岩变形、破坏机理,特开展深部典型煤巷围岩变形破坏特征的模型试验研究。试验结果为特定条件下的巷道布置、支护方案及参数设计提供重要参考。

第一节 原型地质工程条件

淮南矿区 13-1 煤开采条件较好,煤厚赋存稳定,为全区主要可采煤层,厚度一般在 4 m 左右[26]。本书以淮南矿区 13-1 煤的地质赋存条件及回采现状为工程背景,考虑在地质条件一定时,分析工程条件对深部典型煤巷围岩稳定性的影响,同时兼顾模型试验的可操作性,特结合丁集煤矿 1282(3)工作面与 1141(3)工作面、口孜东矿 111303 工作面与 111304 工作面、刘庄煤矿 171301 工作面与 171303 工作面回采过程中的共性与特性,简化原型地质条件将其固定(图 3-1),工程条件分别为大断面、中等断面、小断面的直墙半圆拱形和矩形,共 6 种煤巷。

层位	岩石名称	厚度/m	柱状图	单轴抗压强度/R_c
基本顶	砂岩	7.50		122
直接顶	泥岩	2.75		35
煤层	13-1煤	4.50		8
直接底	泥岩	2.75		35
基本底	砂岩	7.50		122

图 3-1 13-1 煤典型地质柱状图

丁集煤矿 1141(3)工作面埋深为 604～754 m,回采时,支护设计布置方案如图 3-2 所示,断面:净宽×净高＝4.0 m×3.0 m;丁集煤矿 1282(3)工作面埋深为 815～850 m,工作面两巷支护选用锚梁网支护,矩形断面:净宽×净高＝5 m×3.4 m,锚梁网支护断面如图 3-2 所示。

口孜东矿 111303 工作面是矿井首采面,埋深为 767～902 m,煤巷布置方位为 115.5°,

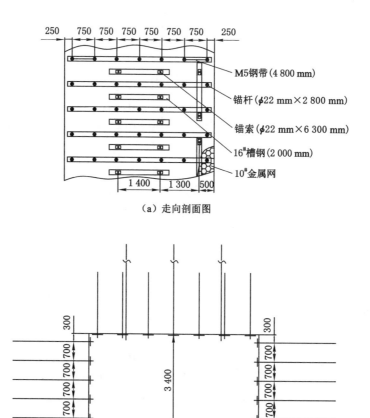

（a）走向剖面图

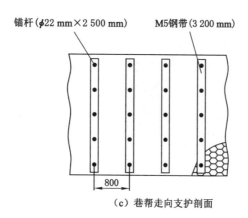

（b）巷道支护断面

（c）巷帮走向支护剖面

图 3-2　丁集煤矿 1282(3)工作面煤巷支护平剖面图

直墙半圆拱形断面:净宽×净高＝5.8 mm×4.3 mm,锚梁网索支护,掘进时破顶板 1 m,支护断面如图 2-6 所示。

第二节　真三轴模型试验地点选择

　　本书研究内容中相似模拟的模型制作及加载在深部煤炭开采与环境保护国家重点实验室深部巷道围岩破裂机理及支护技术模拟试验装置内进行,该装置能试验的模型尺寸为 1 m×1 m×0.4 m。整个装置分为加载系统、控制系统、监测系统,最大荷载集度为 20 MPa,能够实现深部巷道的真三轴匀速、稳压加载,同时能监测不同梯度荷载下预埋支护体的深部煤巷围岩变形破坏特征。模型试验装置如图 3-3 所示。

（a）加载装置正面　　　　　　　　　　　（b）内部油压加载系统

（c）加载装置侧面

图 3-3　深部巷道围岩破裂机理及支护技术模拟试验装置

第三节　相　似　准　则

一、几何相似比

原型尺寸:25 m×25 m×10 m;模型尺寸:1 m×1 m×0.4 m;几何相似比为 1:25。

二、容重相似比

原型及模型标准试件的围岩物理力学参数测试表明:容重(重力密度)相似比为 1:1.5。

三、应力相似比

$$C_\sigma = C_l C_\gamma = 1 : 37.5 \tag{3-1}$$

式中 C_l——几何相似比,25;

C_γ——容重相似比,1.5。

四、试验加载系统的内外荷载换算

(1)侧面面积:100 cm×40 cm=4 000 cm²。每个侧面有 24 个活塞,每个活塞直径为 90 mm,面积为 63.617 cm²。总面积:24×63.617 cm²=1 526.814 cm²。因此,装置侧向油压与模型侧面边界荷载之比为 1:2.62。

(2)模型底面积:100 cm×100 cm=10 000 cm²。底面有 4 个活塞,每个活塞直径为 400 mm,面积为 1 256.637 cm²。总面积:4×1 256.637 cm²=5 026.548 cm²。因此,装置底面油压与模型底面边界荷载之比为 1:1.989。

第四节 试验方案设计

在已有地质、工程条件下,按一定的相似比设计大小不同的 3 种矩形断面、3 种直墙半圆拱形断面,共 6 种开掘断面的煤巷,方案如图 3-4 所示。

按淮南矿区深部地应力分布特征,拟定平行于洞轴方向为最大水平应力方向,$\sigma_{H,max}=1.25\sigma_V$,最小水平应力 $\sigma_{H,min}=0.75\sigma_V$,采用逐级变速加载的方式模拟开采深度及掘进、回采动压对煤巷矿压显现的影响,具体加载时序(静载及初掘动压加载时长 10 min、动压加载时间间隔 3 min)见表 3-1 所示,每一级采集相关数据约 10 min(以应变基本稳定为准)。

表 3-1 煤巷模型试验逐级加载一览表 单位:MPa

逐级加载步	静动载	加载时间	σ_V(原型)	$\sigma_{H,max}$	σ_V(模型)	$\sigma_{H,min}$
step1	450 m	10 min	11.25	0.75	0.8	0.6
step 2	900 m	10 min	22.5	1.5	1.6	1.2
step 3	1.5×900 m	10 min	33.75	1.5	2.4	1.2
step 4	2×900 m	3 min	45	1.5	3.2	1.2
step 5	3×900 m	3 min	67.5	1.5	4.8	1.2
step 6	3.5×900 m	3 min	78.8	1.5	5.6	1.2
step 7	4×900 m	3 min	90	1.5	6.4	1.2
step 8	4.5×900 m	3 min	101	1.5	7.2	1.2
step 9	5×900 m	3 min	112.5	1.5	8.0	1.2

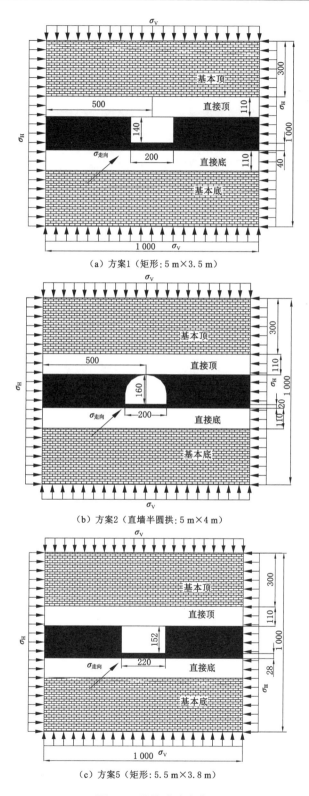

（a）方案1（矩形：5 m×3.5 m）

（b）方案2（直墙半圆拱：5 m×4 m）

（c）方案5（矩形：5.5 m×3.8 m）

图 3-4　设计试验方案

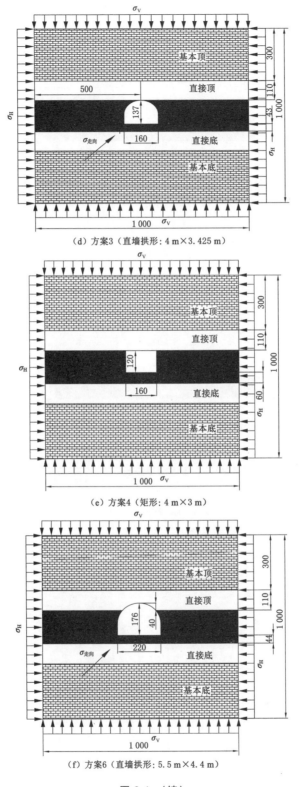

（d）方案3（直墙拱形：4 m×3.425 m）

（e）方案4（矩形：4 m×3 m）

（f）方案6（直墙拱形：5.5 m×4.4 m）

图 3-4 （续）

第五节　模型试验过程

一、相似材料的配比及性能测试

参考文献[23]并结合已完成的大量平面相似模拟试验,本着力学性能稳定、制作方便以及调节配比能轻易获得不同力学特性等原则,决定选用相似材料的骨料为河沙(0.3 mm 细沙,密度为 2.6 g/cm³),胶结材料为石灰(气硬性材料,强度随干燥时间增加)、石膏(建筑用一级石膏粉,初凝时间 4 min,终凝时间 10 min,24 h 可达稳定强度)制作 13-1 煤;而直接顶、基本顶、直接底、基本底的骨料同上,胶结材料选用八公山牌 32.5 级水泥制作。为了更好地监测巷道变形及断裂情况,制作模型时需分成上、下两部分,中间用环氧树脂板隔开,待布置监测元件完毕后需将分为两半的模型合二为一,再进行加载试验,此时也要配制相应强度的合模材料。

相似材料按一定的相似比置于圆柱形标准试件器皿内分 3 段,每段压实后划动细纹再压实,直至制作标准试件的高度(110 mm 以上)足够,如图 3-5 所示。

图 3-5　配比试件压实

制作好的标准试件分类贴好标签,放置于试验室,待一定龄期(21 d)后打磨加工,测试其密度并于 RMT 力学试验机上测试其单轴抗压强度,最终选择适合 13-1 煤顶、底板岩石强度的稳定相似配比,以供后续模型试验材料的配比。

本次相似材料试验共进行了 7 组配比,分别为沙子、水泥、水(直接顶、底材料、基本顶、底材料)按 5∶1∶0.6;7∶1∶0.8;8∶1∶0.9;10∶1∶1.1;水泥、石灰、水玻璃、水(合模材料)按 10∶1∶0.9∶5.5;10∶0.66∶0.66∶6;10∶0.25∶0.25∶7.5。制作好待加载的标准试件,如图 3-6 所示。

上述相似材料标准试件在制作完成晾干 21 d 后进行单轴抗压强度测试,顶、底板岩石相似材料的单轴抗压强度测试结果如图 3-7 和图 3-8 所示。

模型试验所用相似材料的配比及其抗压强度测试结果见表 3-2。

（a）直接顶(底)、基本顶(底)相似材料标准试件(部分)

（b）合模材料的标准试件(部分)

图 3-6　相似材料标准件一览

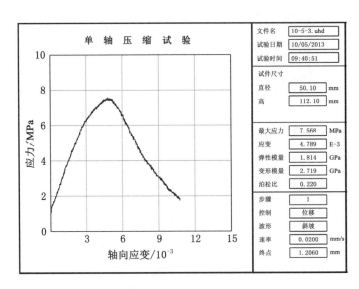

（a）单轴抗压强度测试曲线-1（沙子：水泥：水=5:1:0.6）

图 3-7　顶、底板岩石相似材料标准试件单轴抗压强度测试结果

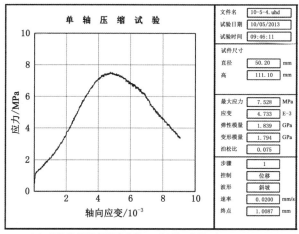

（b）单轴抗压强度测试曲线-2（沙子：水泥：水=5:1:0.6）

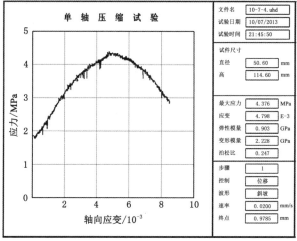

（c）单轴抗压强度测试曲线-3（沙子：水泥：水=7:1:0.8）

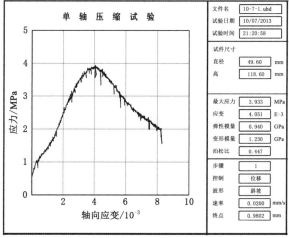

（d）单轴抗压强度测试曲线-4（沙子：水泥：水=7:1:0.8）

图 3-7　（续）

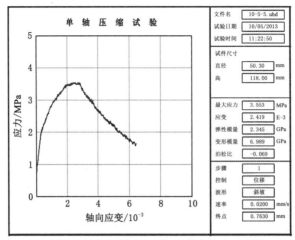

（e）单轴抗压强度测试曲线-5（沙子∶水泥∶水=8∶1∶0.9）

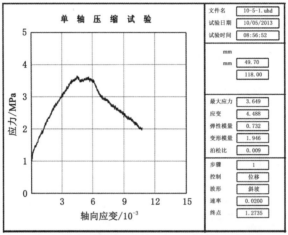

（f）单轴抗压强度测试曲线-6（沙子∶水泥∶水=8∶1∶0.9）

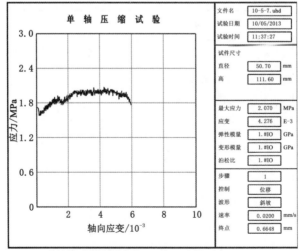

（g）单轴抗压强度测试曲线-7（沙子∶水泥∶水=10∶1∶1.1）

图 3-7 （续）

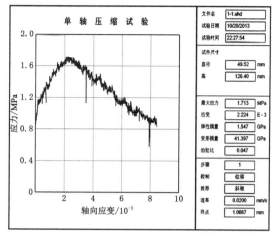

（h）单轴抗压强度测试曲线-8（沙子：水泥：水=10：1：1.1）

图 3-7 （续）

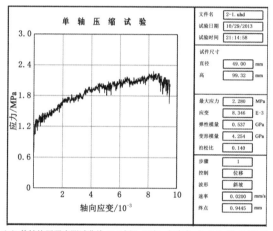

（a）单轴抗压强度测试曲线-3（水泥：石灰：水玻璃：水=0：0.66：0.66：6）

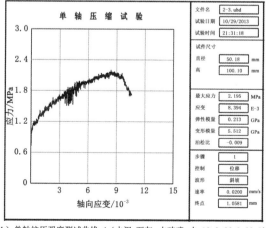

（b）单轴抗压强度测试曲线-4（水泥：石灰：水玻璃：水=10：0.66：0.66：6）

图 3-8 合模相似材料标准试件单轴抗压强度测试结果（部分）

表 3-2　相似材料的配比试验结果

岩层名称	相似材料							
	沙子	水泥	石灰	石膏	水玻璃	水	龄期/d	单轴抗压强度 R_c
煤	4		0.5	0.5		0.3	21	0.208
直接顶(底)	10	1				1.1	21	1.0～1.8
基本顶(底)	8	1				0.9	21	3.5～3.65
煤(合模材料)	10		0.6		0.5	1.1	21	0.18～0.22
直接顶、底(合模材料)	10		0.66		0.66	6	21	1.2～1.7
基本顶、底(合模材料)	10		0.25		0.25	7.5	21	3.1～3.8

二、模型制作

模型制作步骤及流程见图 3-9 和图 3-10。

（a）巷道模型置于大模型中

（b）分层隔板隔开

（c）走向中性面隔层（环氧树脂板）

（d）锚固剂配制

（e）中性层布置监测元件

（f）上下两层合模

图 3-9　模型制作步骤

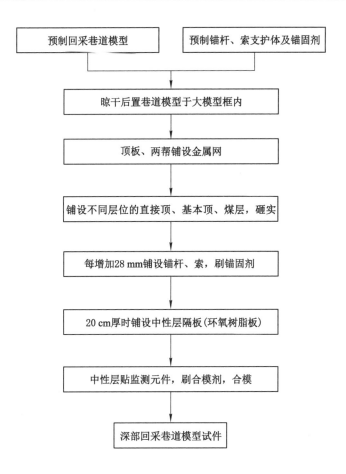

图 3-10　深部典型煤巷试验模型制作流程

三、测试仪器及测点布置

本次试验测试仪器除应变监测系统采用秦皇岛协力科技开发有限公司生产的 XL2010G-80 系列静态应变仪(图 3-11)外,还研发了巷道深部围岩破裂监测装置(图 3-12)、巷道底鼓监测装置及连续采集系统(图 3-13)。

图 3-11　XL2010G-80 静态应变仪

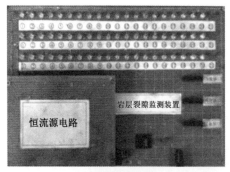
（a）断裂丝监测装置

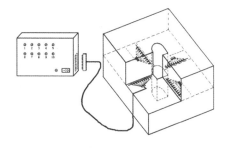
（b）断裂丝监测系统工作简图

（c）断裂丝装置工作截图

图 3-12 深部煤巷围岩断裂丝监测装置

（a）巷道底鼓监测装置

（b）底鼓监测系统

图 3-13 深部煤巷底鼓监测装置

断裂丝监测装置根据铅笔芯易断裂及其阻值小(铅笔芯型号:2B,ϕ0.5 mm)的特点,在电路上设计其和二极管短路连接。断裂丝完整时,电流从断裂丝径过,形成通路灯泡不亮;

巷道围岩受压裂隙发育时断路,电流必经过灯泡(灯泡亮),这样较为直观地反映煤巷深部围岩的裂隙发育情况。

巷道底鼓是深部煤巷一种强烈的矿压显现,底鼓量随时间及加载压力的变化而变化规律目前少有试验研究,本装置是在 WXY15 微型拉线传感器的基础上改进而成的,拉线传感器灵敏度高,能精确到 1 mm。在煤巷模型试验时,由于巷道开掘的影响而无法提前预埋且其固定端一般在底板很深的部位拉线传感器量程有限,所以不适合直接应用。为了解决上述问题,首先在合模前于模型表面的模型底边界(此处底鼓量小,可视为零)至巷道底板拉一根细钢丝线,两端头打结悬挂住穿孔的矩形薄铁片(尺寸为 3 cm×3 cm,增大作用面积),接着将薄铁片用夹钳制成三棱柱(一棱边开口,两端面开口,棱长为 3.5 cm),待巷道开掘后,将微型拉线传感器的出线端与巷道内钢丝线的外漏端连接;然后将三棱柱开口处穿过传感器的拉线,稳放于矩形薄铁片上,记录此时预紧的位移初始值,观测加载期间的位移增量,即巷道的底鼓量,这样便可实现深部煤巷底鼓量的监测;最后团队成员研发了巷道底鼓监测系统,实现了底鼓量的实时传输与存储。

开挖后逐级加载的过程中用高清摄像头同步拍摄了巷道受荷载变化的表面位移情况,如图 3-14 所示。

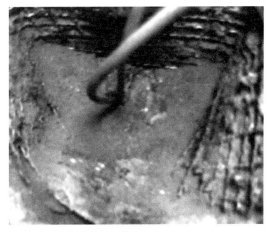

（a）方案4:一级荷载（σ_V=0.8 MPa）　　　　（b）方案4:九级荷载（σ_V=7.2 MPa）

图 3-14　加载过程中巷道围岩变形实时监控摄像

在中性层面上,于煤巷的顶角、煤帮及底板(底角)布置 BX120-5AA 应变片 3 大组、共48 个,测试巷道不同深度处围岩应变随加载压力的变化关系;同时,在相邻位置交错布置断裂丝,监测巷道深部围岩破裂特征。方案 3～方案 6 的测点布置如图 3-15 所示。

四、深部煤巷开挖与支护

为了研究不同埋深、不同断面尺寸及形状对煤巷(淮南矿区 13-1 煤典型条件)围岩变形破坏的影响,特开展了 6 组煤巷模型试验。在试验过程中,矩形、直墙半圆拱形煤巷均采用锚网索支护,在查阅了大量文献[88-95]资料后,决定锚杆选用 ϕ0.9 mm 长度 100 mm 的铝丝,锚索选用 ϕ0.9 mm 长度 250 mm 的铝丝三股绕制而成,尾部用 ϕ1.6 mm 的垫片、螺母固定,

（a）制作的锚杆、索　　　　　（b）锚杆支护　　　　　（c）锚索支护

图 3-15　煤巷锚杆、索的制作与布置

如图 3-15 所示。金属网选用 $\phi0.6$ mm、规格为 4 mm×4 mm 的铝丝；锚固剂选用水泥和水玻璃乳液，如图 3-9(d)所示。锚杆间排距为 28 mm ×28 mm（相对于原型 0.7 m×0.7 m），锚索间排距为 40 mm×56 mm（相对于原型 1 m×1.4 m），其典型的支护参数设计方案如图 3-16 所示。不同断面大小及形状的煤巷采用混凝土预制而成，试验时采用电钻开挖（加载至 450 m 埋深稳压后开掘，稳压时间依据应变片的应变稳定而定，一般为 30 min）。为了找准底板位置、防超挖或欠挖，也为了易于开掘，巷道底板在预埋时垫一薄铁片，开挖过程中抽离即可。6 组试验完成后实拍见图 3-18。

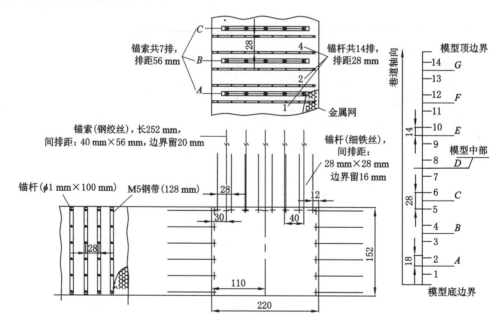

图 3-16　方案 5 模型煤巷支护参数

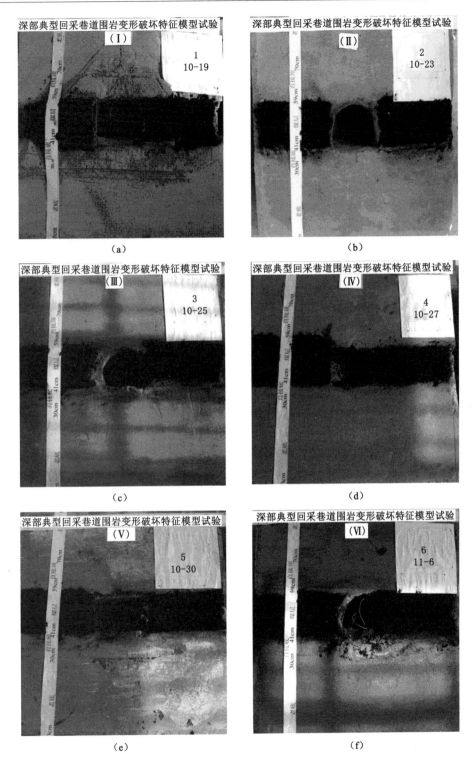

图 3-17 煤巷模型试验实照

第六节 模型测试结果及分析

通过加载初始地应力(第 1 级)稳压 30 min 后开挖巷道,待应变片数据变化稳定后,逐级加载如表 3-1 所列的应力集中系数数倍于原岩应力的外力;分别模拟了 6 组不同断面形状、大小的煤巷经历了从浅埋到深埋,掘进到回采等不同动压影响的阶段(图 3-4);获得了试验数据较多的 4 组煤巷模型试验,按试验日期的先后顺序,分别为试验 3、试验 4、试验 5、试验 6。拟从不同断面形状、大小的深部围岩应变对比、断裂情况对比、切剖面裂隙发育对比分析深部煤巷围岩变形破坏规律。

煤巷围岩应变能很好地反映围岩受力后的变形状态,其受拉、受压亦能解释围岩的受力过程,采用 1/4 桥路连接的 BX120-5AA 应变片布置于煤巷顶角、帮部、底板(底角);其瞬时应变能够真实地反映巷道不同部位围岩变形情况。为了探寻不同的埋深(改变 σ_v 应力)、采动情况、断面形状及大小对煤巷围岩稳定性的影响,特从浅埋静水压、深埋静水压、深埋初掘(900 m 埋深的静水压力为深部原岩应力,k 为动载系数,$k=1.5$ 表示 1.5 倍原岩应力)、深埋回采($k=2\sim4.5$)等不同应力环境下矩形、直墙拱形 4 种断面的围岩应变特征开展相关对比研究。

一、浅埋典型煤巷围岩应变特征

待外载加至 1 级荷载时(表 3-1,此时埋深为 450 m),监测的巷道围岩应变变化不大时,提取相应方案的径向、环向应变数据,绘制如图 3-18 和图 3-19 所示。

1. 径向应变

如图 3-19 所示,浅埋静水压力下围岩径向应变监测结果表明:

(1)小断面[图 3-19(a)、(c)]开掘的煤巷围岩径向应变较大断面[图 3-19(b)、(d)]围岩径向应变量小;

(2)通常帮部围岩应变量最大,底板次之,顶板最小;

(3)大断面矩形煤巷帮部径向应变出现了"波峰波谷",大断面直墙拱形顶角、底板和大断面矩形底角围岩出现了"局部拉压应变分区"现象,但并不明显,其余断面围岩以浅部围岩拉应变,深部围岩零应变为主,其临界范围小于 2 m,应变量较小,在锚杆长 2.5 m 的控制范围内。

2. 环向应变

相应浅埋静水压力下煤巷围岩(顶角、帮部、底板及底角)的环向应变如图 3-19 所示。

浅埋静水压力下不同断面形状及大小的煤巷围岩环向应变监测结果表明:

(1)小断面围岩环向应变量小,大断面围岩环向应变量大。

(2)大断面矩形、直墙拱形顶角围岩 2.5 m 以浅拉应变为主,在径向拉应变较小时,环向受拉是顶角围岩主要运动形式。

(3)帮部围岩环向应变基本以压应变为主,从浅部到深部压应变逐渐减小。

(4)大断面直墙拱形煤巷底板环向应变为压应变,大断面矩形煤巷底角环向应变为拉应变。

将应变量较大的大矩形(方案 5)、大直墙拱形(方案 6)煤巷围岩的运动趋势采用箭头(大小近似表示运动程度,方向表示受拉受压的状态)绘出,如图 3-20 所示。由图 3-20 可

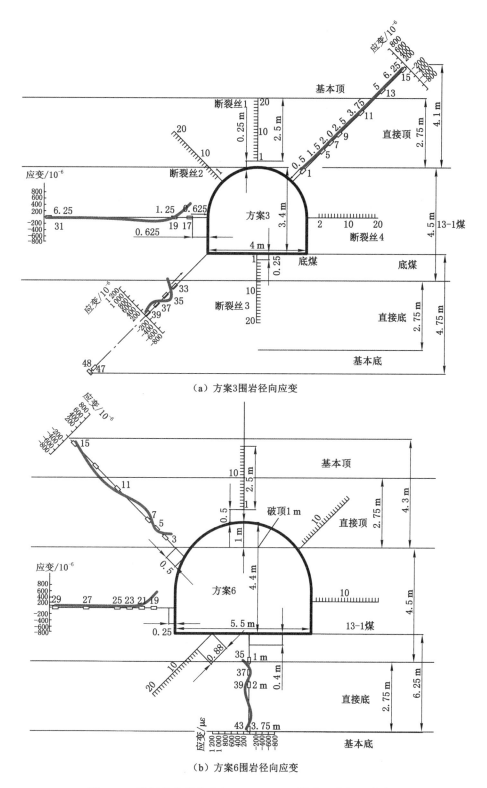

（a）方案3围岩径向应变

（b）方案6围岩径向应变

图 3-18　浅埋静水压力下（$\sigma_v = 0.8$ MPa）煤巷围岩径向应变

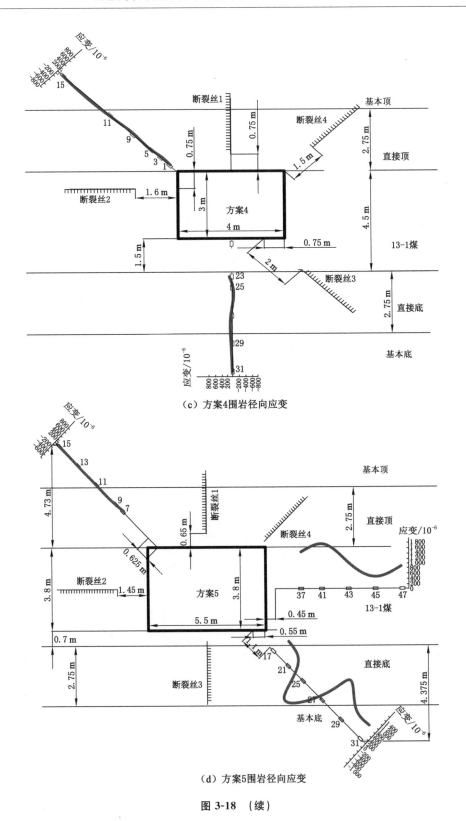

（c）方案4围岩径向应变

（d）方案5围岩径向应变

图 3-18 （续）

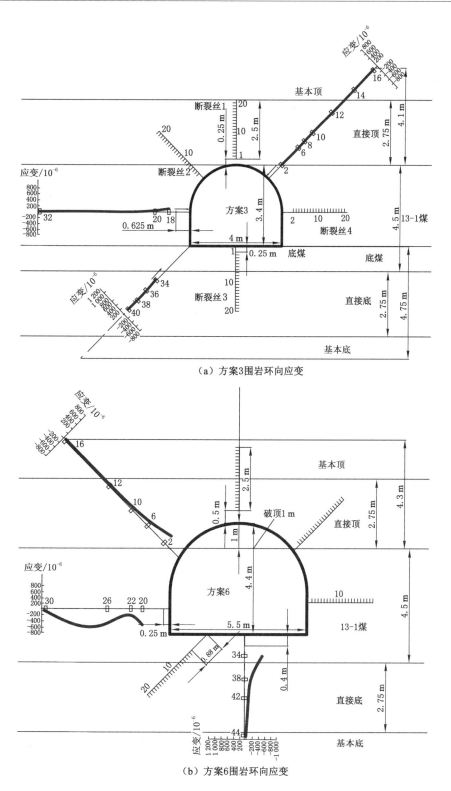

（a）方案3围岩环向应变

（b）方案6围岩环向应变

图 3-19　浅埋静水压力下（$\sigma_V = 0.8$ MPa）煤巷围岩环向应变

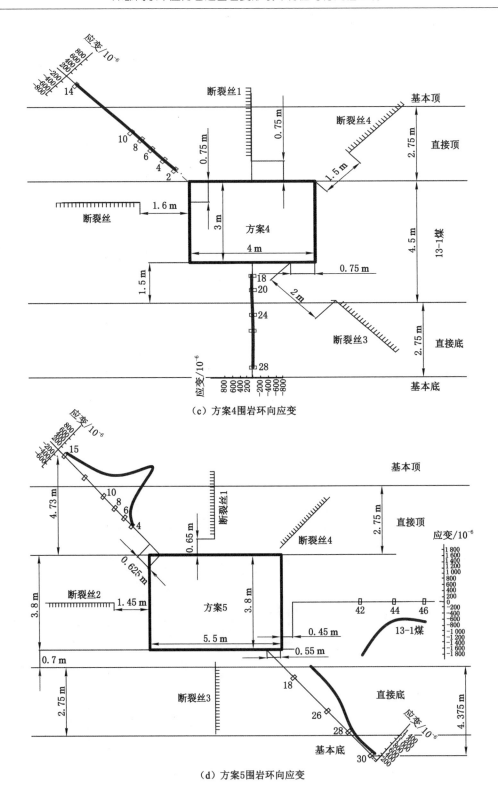

（c）方案4围岩环向应变

（d）方案5围岩环向应变

图 3-19 （续）

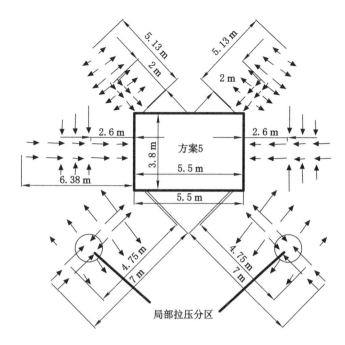

（a）大断面矩形巷道围岩运动趋势

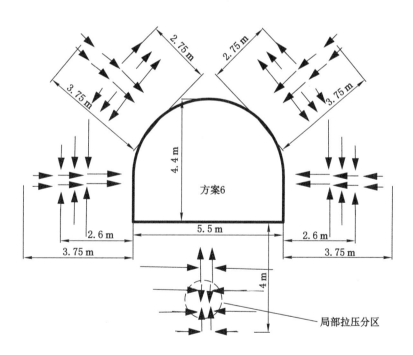

（b）大断面直墙拱形巷道围岩运动趋势

图 3-20 浅埋静水压力下大断面煤巷围岩运动趋势图（径向、环向应变）

知,较矩形断面而言,大断面直墙拱形煤巷围岩运动范围小,除底板及底角局部拉压分区外,两种断面煤巷围岩整体运动规律性一致,顶、底角双向受拉变形,帮部及底板径向受拉、环向受压。

二、深部典型煤巷围岩应变特征

在浅埋静水压力($\sigma_V = 0.8$ MPa)基础上开掘巷道后继续按梯度缓慢加载至深埋静水压力($\sigma_V = 1.6$ MPa)及初掘采动压力($\sigma_V = 2.4$ MPa),获得煤巷围岩径向、环向应变如图 3-21 和图 3-22 所示。

1. 深埋静水压力及初掘条件下煤巷围岩应变特征

从径向应变监测结果分析可知,两种压力下应变量接近,规律性较为一致。因此,将两种压力条件下的煤巷围岩应变合成一个图处理,将围岩浅部拉应变与深部压应变的交界点(零应变点)用曲线连接,就得到了如图 3-22(a)和图 3-22(b)所示的"零应变交界圈(零应变圈)"。圈内为拉伸应变区,圈外为压缩应变区,拉伸区范围随断面增大而增大,方案 3 和方案 6 的顶板、顶角、帮部、底角及底板的零应变交界圈距巷道表面距离分别为:1.88 m、2.2 m、1.5 m、2.1 m、2.75 m;2.13 m、3.2 m、2.2 m、2.13 m、2.63 m。

由图 3-22(c)和图 3-22(d)的小、大矩形煤巷的径向应变分析可知,相对于直墙拱形断面而言,矩形断面煤巷的围岩径向应变拉、压分区不明显。随着加载压力的增加及支护体的作用,原处于拉伸区的大断面矩形巷道煤帮及底角围岩渐变为压缩区,反映了围岩的运动变形过程。

环向应变分析结果表明:① 较矩形巷道,直墙拱形顶角更易出现"拉压分区"现象。② 巷道煤帮浅部拉伸、深部压缩,呈现"波峰波谷"交替现象。③ 巷道底角围岩环向应变呈现由拉向压的转变。④ 环向应变量较径向应变量大,这与圆形巷道弹塑性区环向应力集中、径向应力释放的矿压显现特征吻合。

由于方案 4 帮部监测线太短,所以未能焊接至应变仪引出线,矩形巷道仅以方案 5 为例加以分析。在深埋静水压力及初掘采动应力的加载阶段,煤巷帮部径向、环向应变以拉应变为主,直墙拱形巷道在距巷帮 1.75 m(方案 6)径向应变降为 0,而矩形煤巷径向应变基本处于受拉状态,且应变值较直墙拱形大;相反,巷帮环向应变较直墙拱形小。

回采动压影响的巷道矿压显现要比不受回采影响的复杂得多,也强烈得多[131]。深部典型煤巷常常受强烈支承压力的影响,巷道围岩变形破坏严重,因此,研究其应变过程能反映支承压力作用下深部典型煤巷围岩的运动变形特征,所以能为巷道围岩控制提供借鉴思路,也为其稳定性评判提供依据。

2. 深埋回采动压($\sigma_V = 3.2 \sim 7.2$ MPa)下煤巷围岩应变特征

通过迅速(3 min)逐级加载的近似方法模拟巷道受工作面回采的采动压力影响。以 900 m 埋深的静水压力为原岩应力,书中后续 k 值均为此原岩应力的动载系数。具体围岩应变特征分析如图 3-23 和图 3-24 所示。

图 3-23 表明:① $k=2$ 时,小断面直墙拱形径向应变仍和初掘采动影响期间一致(浅部拉应变深部压应变),待动载系数 $k>2$ 时,巷道围岩整体从浅部拉深部压转变为拉应变为主,方案 5 的煤帮应变除外(可能由于试验误差);由于岩石易拉不易压的特性,在 $k \geq 3$ 时,深部典型煤巷处于难以维护的失稳状态。② 对于大断面的方案 6,动载系数 $k=2$ 时,对比

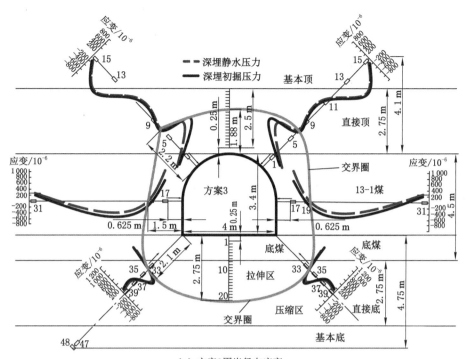

（a）方案3围岩径向应变

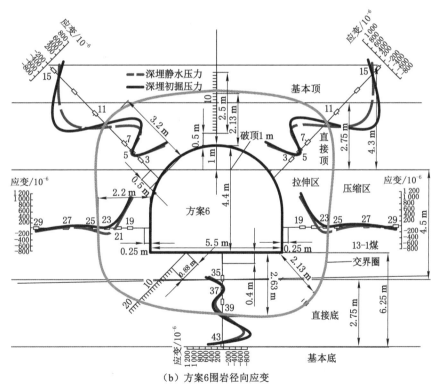

（b）方案6围岩径向应变

图 3-21 深埋静水压及初掘条件下煤巷围岩径向应变

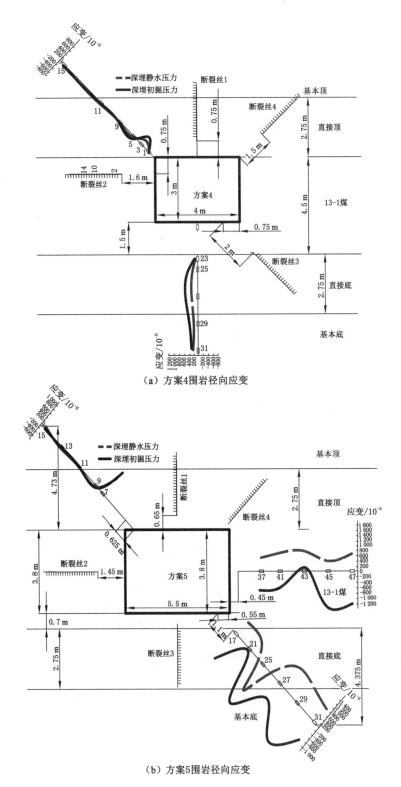

（a）方案4围岩径向应变

（b）方案5围岩径向应变

图 3-21 （续）

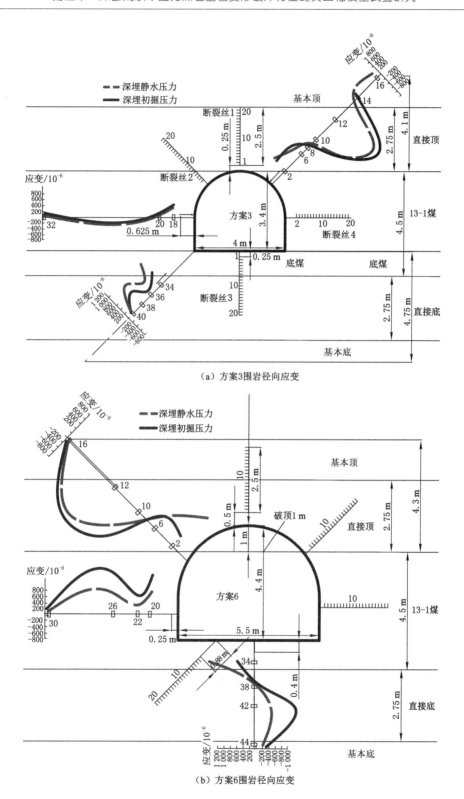

（a）方案3围岩径向应变

（b）方案6围岩径向应变

图 3-22　深埋静水压及初掘应力下($\sigma_v = 1.6, 2.4$ MPa)煤巷围岩环向应变

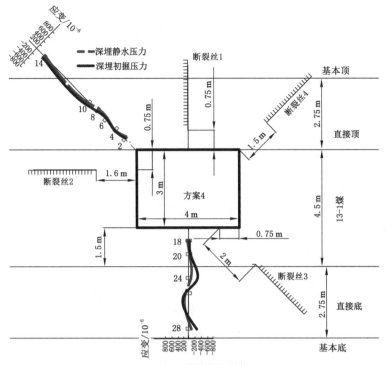

（c）方案4围岩径向应变

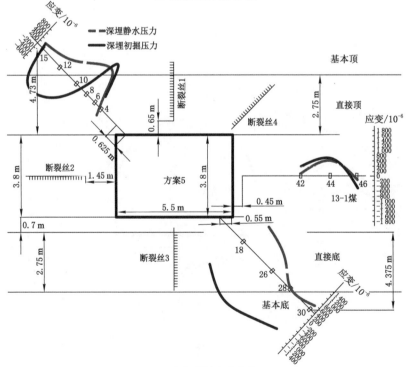

（d）方案4围岩径向应变

图 3-22 （续）

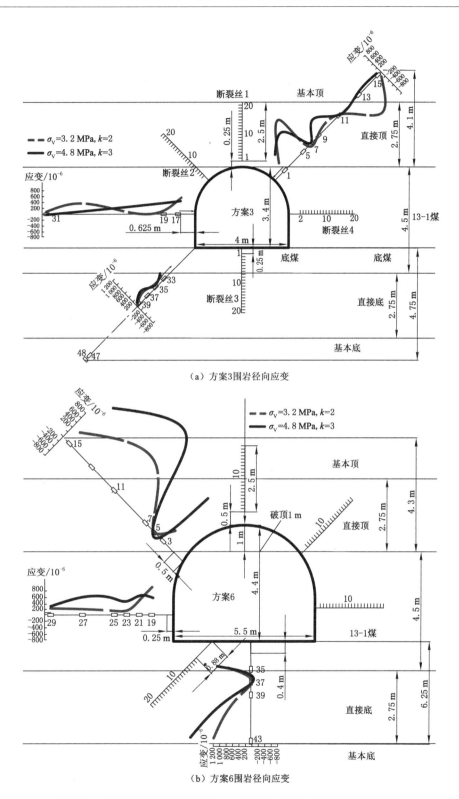

（a）方案3围岩径向应变

（b）方案6围岩径向应变

图 3-23　深埋动压回采条件下（$\sigma_V = 1.6, 2.4$ MPa）煤巷围岩径向应变

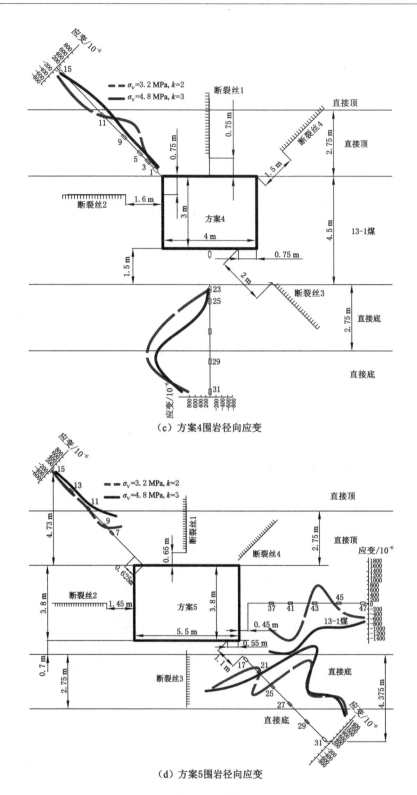

（c）方案4围岩径向应变

（d）方案5围岩径向应变

图 3-23 （续）

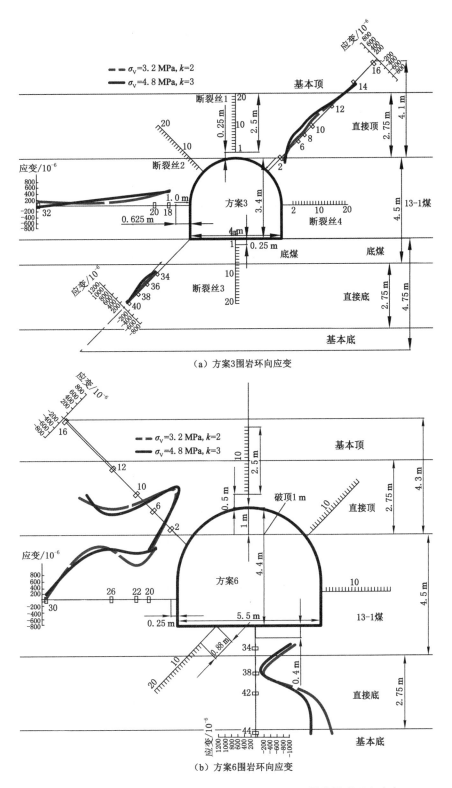

（a）方案3围岩环向应变

（b）方案6围岩环向应变

图 3-24　深埋动压回采条件下($\sigma_V=3.2$, 4.8 MPa)煤巷围岩环向应变

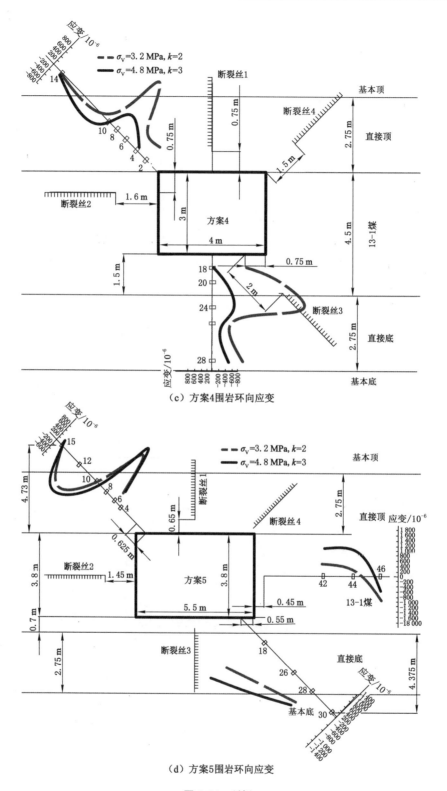

（c）方案4围岩环向应变

（d）方案5围岩环向应变

图 3-24 （续）

静载时的图 3-22(b),煤巷围岩以拉应变为主,其峰值位置距巷表 3.75 m,在 6.25 m 深度处围岩仍处于拉应变状态,对于顶板围岩稳定性控制而言,长度为 6.3 m 的锚索锚固端若位于拉应变区(本书锚索长度 25 mm,换算现场 6.25 m),极易发生支护体变形失效,从而导致巷道围岩失稳。③ 对于矩形巷道而言图 3-23(c)和图 3-23(d),煤帮及底角围岩应变量大,偶见"波峰波谷";④ 深部典型煤巷支护的难点在于随着加载应力的升高,煤巷围岩应变进入非线性大应变状态,局部监测元件超应变极限值而损坏。

对动压回采期间($k=2$、$k=3$)煤巷围岩环向应变的监测所得曲线如图 3-24 所示。

从图 3-24 可以看出:① 小断面顶角环向应变以拉应变为主,大断面 2.25 m 以外进入压缩区,结合图 3-24(b)和图 3-24(d)的径向拉伸应变,顶角 2.25 m 以浅围岩整体处于拉伸状态,顶板失稳使得围岩整体失稳;从应变值的大小来看,大断面煤巷围岩运动更加剧烈。② 采动应力的增加是顶角拉应变范围扩大的重要原因,直墙拱形巷道断面的增大,顶角围岩运动更加剧烈。③ 巷帮围岩环向应变也基本处于受拉状态,相比浅埋静水压力条件下巷帮应变而言,深埋动压影响使得巷帮煤体进一步碎胀变形,巷帮失稳加剧。④ 随着加载压力的增加,底板及底角围岩环向应变基本处于受压状态,矩形断面应变量较直墙拱形大。

3. 深部典型煤巷围岩应变特征

从不同断面形状、大小及所处的应力环境分析了煤巷围岩的应变特征,获得主要结论如下:

(1)在浅埋静水压力条件下,煤巷浅部围岩拉应变,深部围岩零应变;巷道顶、底角双向受拉变形、帮部及底板呈现径向受拉环向受压;随断面增大,应变略有增加,巷道围岩整体应变量较小。

(2)随埋深增大(增加 σ_v),深埋静水压力条件下直墙拱形开掘断面的煤巷围岩径向应变与初掘应力(垂直应力 $k=1.5$ 倍原岩应力)条件下围岩径向应变相当。径向应变呈现浅部拉、深部压的"拉压分区"现象,小、大断面的直墙拱形煤巷顶板、顶角、帮部、底角及底板的"零应变交界圈"距巷道表面距离分别为:1.83 m、2.2 m、1.5 m、2.1 m、2.75 m;2.13 m、3.2 m、2.2 m、2.13 m、2.63 m。矩形断面煤巷局部出现"拉压分区",但未见整体的"零应变交界圈"现象。大断面直墙拱形煤巷的顶角零应变点距围岩表面 3.2 m,距离最大且超过锚杆支护体长度,应注重帮角锚索的支护效果。在两种断面情况下,环向应变量较径向应变大,这与圆形巷道弹塑性区环向应力集中、径向应力释放的应力分布规律吻合。

(3)通过进一步迅速逐级加载分析受工作面回采的采动应力增加对巷道围岩径向、环向、向应变的影响。$k=2$ 时,为径、环向应变的过渡荷载;$k\leqslant2$ 时,应变特征基本不变;$k>2$ 时,巷道围岩整体从浅部拉深部压应变转变为拉应变为主。对于岩石易拉不易压的特性,深部典型煤巷处于失稳状态,围岩应变进入非线性大应变状态,局部监测元件超应变极限值而损坏。巷帮环向应变也基本处于受拉状态,深埋动压影响使得巷帮煤体进一步碎胀变形,巷帮失稳加剧,底板及底角围岩环向应变基本处于受压状态,矩形断面应变量较直墙拱形大。

三、深部典型煤巷底鼓量监测分析

在深井煤巷中,底鼓量占整个巷道变形量的主要部分。采用深部煤巷底鼓监测装置监测随加载压力变化的巷道底板位移量,获得相应的底鼓——加载压力(换算为埋深及动载条件下静水压力的系数倍)曲线如图 3-25 所示。

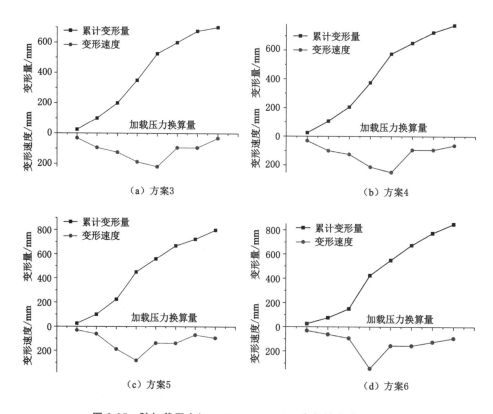

（a）方案3　　　　　　　　　　（b）方案4

（c）方案5　　　　　　　　　　（d）方案6

图 3-25　随加载压力(σ_v＝3.2,4.8 MPa)变化的巷道底鼓情况

　　巷道底鼓随加载压力的变化规律为：在浅埋应力水平、深埋应力水平下方案 3～6 的底鼓量小且底鼓速度缓慢,待加载至巷道初掘应力水平(k＝1.5)时,巷道底鼓加速,大断面的矩形及直墙拱形巷道(方案 5、方案 6)底鼓速度在 k＝2 时取得峰值,小断面的底鼓速度峰值在 k＝3 时取得,最终停止加载后,方案 3～方案 6 的底鼓量分别为：700 mm、725 mm、800 mm、850 mm。图 3-26 反映了方案 6 加载前后的巷道底鼓情况。

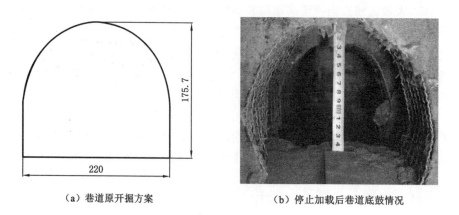

（a）巷道原开掘方案　　　　　　　（b）停止加载后巷道底鼓情况

图 3-26　方案 6 加载前后巷道底鼓情况

四、深部典型煤巷围岩变形破裂特征

为研究深部典型煤巷围岩变形破坏特征,采用自主研制的断裂丝监测装置分析煤巷围岩破裂规律及加载后中性面解剖对比分析围岩裂隙发育情况。

1. 深部典型煤巷围岩裂隙发育规律

已有研究采用断裂丝监测巷道围岩破裂变形[111],其原理是:在断裂丝上按一定间隔焊接接点,LED灯引出端子接点,形成通路,巷道围岩完整时,电流从铅笔芯通过,LED不亮,待围岩断裂时,对应位置处的LED开始发光,记录此刻的压力及编号,即可监测巷道深部围岩断裂情况。

本书在此基础上改进焊接接点易短路、焊接时间长等缺点,采用双面导电胶布,将LED引出端与铅笔芯黏合,试验精度有保障,且节省了大量的焊接时间,设计的深部典型煤巷断裂丝监测方案如图 3-27 所示。

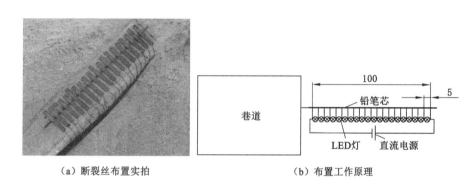

| （a）断裂丝布置实拍 | （b）布置工作原理 |

图 3-27 断裂丝布置方案

以方案 4 为例(图 3-28),分析断裂丝对深部煤巷围岩断裂监测效果。巷道帮部最先监测到灯泡闪烁,表明巷帮围岩最不稳定,当 $k=1.5$(初掘期间),巷道煤帮 2.8 m、3.3 m 断裂丝断裂;当加载到 $k=2$ 时,巷道底角距表面 3.175 m 处断裂丝断裂;当垂直应力加载到 $k=3$ 时,巷道顶板 2.75 m 处两断裂丝对应的 LED 灯亮,表明此刻直接顶与基本顶交界处产生明显离层。

2. 深部典型煤巷围岩破裂对比分析

加载结束后,对模型进行沿中性面的切剖,分析受边界效应影响最小的中性面上巷道围岩变形破坏特征,围岩裂隙发育情况见图 3-29。

如图 3-29 所示,将图中巷道周围的裂隙用样条线勾出,实线表示原断面,虚线表示加载收缩后的断面。如图 3-30 所示,巷道顶、底裂隙发育呈圈状(煤帮裂隙因煤酥软、未能勾勒),表面位移量大断面较小断面大,大断面两帮移近量 52 mm,而小断面仅移近 34 mm,对应原型巷道分别为 1.3m、0.85m,但小断面的收缩率比大断面大,小断面约为 31.1%,大断面的收缩率约为 22.9%,现有的开掘尺寸及支护强度下,大断面预留大变形是深部典型煤巷围岩稳定性控制的有效途径之一。

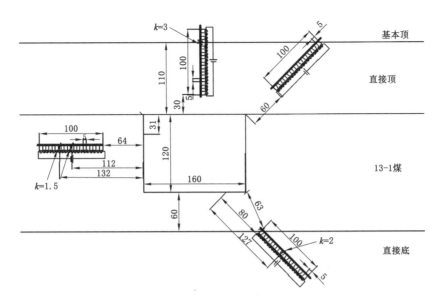

图 3-28　方案 4 断裂情况监测

（a）方案4煤巷切剖图（小断面矩形）

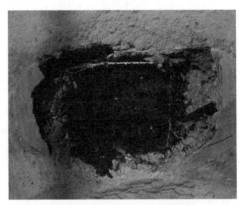

（b）方案5煤巷切剖图（大断面矩形）

图 3-29　深部矩形煤巷模型切剖图

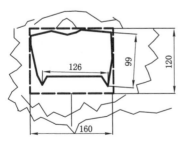

（a）方案4煤巷切剖面素描图

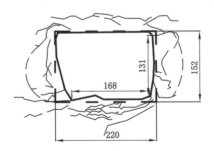

（b）方案5煤巷切剖面素描图

图 3-30　深部矩形煤巷围岩变形破坏素描图

第四章　深部高水平应力煤-岩巷围岩稳定性影响因素的数值模拟研究

本书第三章模型试验研究了巷道断面形状、断面大小及简化不同条件(浅埋、深埋、初掘、采动压力)下支承压力为垂直应力的梯度变化对煤巷围岩变形破坏特征的影响,但未能研究工作面长度、采高、埋深及支护体长度等其他实际工程地质条件的综合变化对深部典型煤巷围岩稳定性的影响。本章拟在设计正交模拟方案的基础上采用 FLAC³ᴰ有限差分数值分析软件的 M-SS 模型(应变软化模型)对比 M-C 模型,分析煤巷初掘期间围岩变形与实际变形的差距。首先采用优选后的本构模型分析各正交方案下的基本顶垂直应力分布情况,其次采用单因素分析法比较 4 种影响因素的基本顶支承压力的影响,最后采用极差分析法比较深部典型煤巷围岩稳定性的各影响因素主次关系,拟合出相关表达式,为后续理论分析及现场工程应用提供重要的参考。

第一节　数值模拟简介

数值模拟作为岩土工程的仿真计算,因其具有研究成本小、计算快捷、可重复且能获得相对准确的应力解、位移解等优点,受到越来越多的工程技术人员的青睐。现行较常用的数值计算方法为有限差分法、有限元法、离散元法等。从弹性力学的基本方程出发,求解一定边界条件下的边值问题解析解,是许多数学和力学工作者研究的内容,但对于复杂的边界条件和受载问题的解析解,许多工程重要问题,不能够得出函数式的解答。因此,数值解法是具有重要的实际意义。

有限差分法是把弹性力学的基本方程和边界条件(微分方程)近似地用差分方程表示。用等间距 h 两组平行于 x、y 的线划分网格,设 $f = f(x, y)$ 为弹性体内某一连续函数(可以是应力分量、位移分量或应力函数等),函数 f 可展开为泰勒级数,即:

$$f = f_0 + \left(\frac{\partial f}{\partial x}\right)_0 (x - x_0) + \frac{1}{2!}\left(\frac{\partial^2 f}{\partial x^2}\right)_0 (x - x_0)^2 + \frac{1}{3!}\left(\frac{\partial^3 f}{\partial x^3}\right)_0 (x - x_0)^3 + \cdots \quad (4\text{-}1)$$

只考虑靠近 0 点的节点,于是不计三次及更高次幂的各项,上式简写为:

$$f = f_0 + \left(\frac{\partial f}{\partial x}\right)_0 (x - x_0) + \frac{1}{2!}\left(\frac{\partial^2 f}{\partial x^2}\right)_0 (x - x_0)^2 \quad (4\text{-}2)$$

节点 1、3 的函数为:

$$f_1 = f_0 + h\left(\frac{\partial f}{\partial x}\right)_0 + \frac{h^2}{2}\left(\frac{\partial^2 f}{\partial x^2}\right)_0, \quad f_3 = f_0 - h\left(\frac{\partial f}{\partial x}\right)_0 + \frac{h^2}{2}\left(\frac{\partial^2 f}{\partial x^2}\right)_0 \quad (4\text{-}3)$$

$$\left(\frac{\partial f}{\partial x}\right)_0 = \frac{f_1 - f_3}{h}, \quad \left(\frac{\partial^2 f}{\partial x^2}\right)_0 = \frac{f_1 + f_3 - 2f_0}{h^2} \quad (4\text{-}4)$$

同理,可将其他偏微分方程转化为代数方程,进而可以进一步求解。

　　FLAC^{3D}数值模拟计算程序适用于模拟地质材料和岩土工程的力学行为,特别是对材料屈服后应变软化模型的计算,其无须存储刚度矩阵,采用中等容量的内存即可求解复杂的岩土工程问题[112]。计算过程首先调用运动方程,由初始应力和边界力计算出新的速度和位移,然后由速度计算出应变率,进而获得新的应力或力。每个循环为一个时步,图 4-1 是对所有单元和结点变量进行计算更新的循环流程。

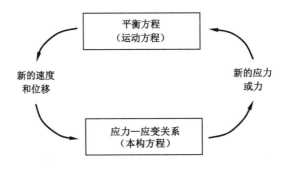

图 4-1　数值计算流程图

　　常用的岩石破坏失稳准则有拉破坏失稳准则、M-C 准则及应变软化准则,其对应曲线见图 4-2,判别关系式见式(4-5)~式(4-7)。

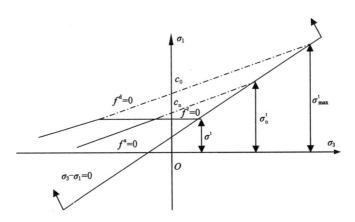

图 4-2　三种屈服准则

$$f^{t} = \sigma^{t} - \sigma_1 = 0 \tag{4-5}$$

$$f^{d} = \sigma_1 - \frac{1 + \sin \varphi}{1 - \sin \varphi} \sigma_3 - 2c_0 \frac{\cos \varphi}{1 - \sin \varphi} = 0 \tag{4-6}$$

$$f^{s} = \sigma_1 - \frac{1 + \sin \varphi}{1 - \sin \varphi} \sigma_3 - 2c_n \frac{\cos \varphi}{1 - \sin \varphi} = 0, c_0 - c_n = Q\Delta\varepsilon \tag{4-7}$$

式中　σ^{t}——岩石单轴抗拉强度;

　　　c_0——软化前黏聚力;

　　　c_n——软化后黏聚力;

　　　$\Delta\varepsilon$——围岩塑性应变增量;

　　　Q——应变软化模量。

已有研究表明,岩石试样在峰后变形阶段,主要是表现为黏聚力快速降低,而内摩擦角则几乎保持不变[113-114],本书拟通过降低黏聚力来描述围岩的弱化程度,对比未软化的巷道围岩变形,以期判断软化对深部典型煤巷围岩稳定性的影响。

第二节　深部典型煤巷正交模拟试验

一、深部典型煤巷围岩稳定性影响因素

已有实测资料表明,随着开采深度的增加,深部巷道围岩松动圈的范围在增大。图 4-3 为赵各庄矿巷道围岩松动圈 L_p 随开采深度 H 变化的实测规律[56]。

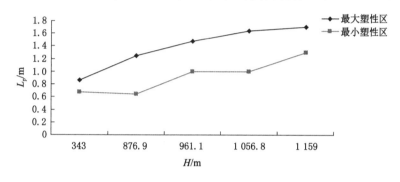

图 4-3　L_p-H 关系曲线

由本书第二章可知,对于深部典型煤巷(淮南矿区 13-1 煤)而言,其围岩地质条件基本固定,如直接顶多为复合顶板(模拟时以较弱岩性的岩层代替),基本顶坚硬,直接底岩性强度低。

进一步分析可知,影响深部典型煤巷围岩稳定性的工程因素多变,如采高随着煤层厚度的变化而显著改变,见表 4-1。工作面长度也随着地质、技术、经济因素存在一定差异[115],见表 4-2。支护方案设计多采用锚网索,但因地质条件、工程经验的不同而存在一定的随意性,详见本书第二章。对于这些影响深部煤巷围岩稳定的工程因素可采用数值计算综合分析,确定影响因素的主次关系,这对深部典型煤巷围岩稳定性控制而言意义深远。

表 4-1　深部典型煤巷所在工作面采高变化一览

序号	矿工作面名称	采高/m
1	丁集煤矿 1141(3)工作面	2~3.75
2	丁集煤矿 1282(3)工作面	3.2~5.0
3	丁集煤矿 1272(3)工作面	3~5.2
4	刘庄煤矿 171301 工作面	4.3~5.8
5	刘庄煤矿 171303 工作面	4.3~6.3
6	口孜东矿 111303 工作面	3.5~5.7
7	口孜东矿 111304 工作面	4.63~6.27

表 4-2　深部典型煤巷所在工作面面长变化一览

序号	矿工作面名称	工作面长度/m
1	丁集煤矿 1141(3)工作面	201
2	丁集煤矿 1282(3)工作面	185
3	丁集煤矿 1272(3)工作面	270
4	刘庄煤矿 171301 工作面	300
5	刘庄煤矿 171303 工作面	280
6	口孜东矿 111303 工作面	324
7	口孜东矿 111304 工作面	300

二、深部典型煤巷正交模拟方案

正交试验设计是利用数量统计与正交性原理,对不同因素不同水平进行组合分析,实现试验的各水平均匀分配,各因素搭配均匀,采用极差分析、方差分析法对各因素各水平对试验结果影响程度进行分析。综合前述内容,首先拟定工作面长度、采高、埋深、支护体长度是影响深部典型煤巷围岩稳定的因素,研究各方案试验的结果,分析各因素的影响程度。设计的正交模拟方案见表 4-3。

表 4-3　深部典型煤巷模型正交试验方案

方案编号	影响因素			
	采高/m	埋深/m	工作面长度/m	锚索长度/m
方案 1	2	450	150	0
方案 2	2	900	250	6.3
方案 3	2	1 350	350	7.3
方案 4	4	900	150	7.3
方案 5	4	1 350	250	0
方案 6	4	450	350	6.3
方案 7	6	1 350	150	6.3
方案 8	6	450	250	7.3
方案 9	6	900	350	0
补充 1	4	675	250	6.3
补充 2	4	1 125	250	6.3

三、模型建立

根据已有的深部典型煤巷围岩力学参数测试结果及地应力测试结果,结合现场调研资料,通过 FLAC³ᴰ 数值模拟分析深部典型煤巷初掘、回采不同阶段的巷道围岩变形特征,确定影响其围岩稳定的因素及顶板受力状态,为巷道稳定性控制提供定性的判定依据。模拟的围岩力学参数见表 4-4。

表 4-4　深部典型煤巷围岩力学参数

层位	岩性	层厚/m	密度/(kg·m⁻³)	剪切模量/GPa	体积模量/GPa	抗拉强度/MPa	黏聚力/MPa	内摩擦角/(°)
顶部	砂质泥岩	28	2 550	3.7	4.6	4.5	4.9	38
基本顶	粉砂岩	8	2 600	6.7	8.6	6.5	4.0	40
直接顶	泥岩	3	2 400	2.0	3.9	3.0	2.0	30
煤层	13-1煤	2、4、6	1400	0.87	1.54	0.81	0.75	27
直接底	泥岩	3	2 420	2.0	3.9	1.2	2.0	30
基本底	粉砂岩	8	2 600	3.9	5.6	4.0	4.0	39
底部	砂质泥岩	28	2 550	2.8	4.4	3.5	3.2	34

对于淮南矿区 13-1 煤而言,其煤巷倾角一般小于 12°,模拟时忽略煤层倾角影响取 0°,煤层厚度分别取 2 m、4 m、6 m,工作面长度取 150 m、250 m、350 m,锚索长度分别为 0 m、6.3 m、7.3 m,模型倾斜方向 400 m,走向 100 m,垂直高度为 100~104 m。模型图及开掘支护方案分别如图 4-4 和图 4-5 所示。

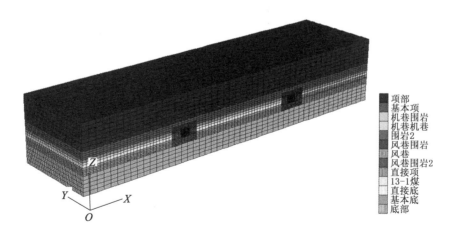

图例:顶部、基本顶、机巷围岩、机巷机巷围岩2、风巷围岩、风巷、风巷围岩2、直接顶、13-1煤、直接底、基本底、底部

图 4-4　方案 1 模型图

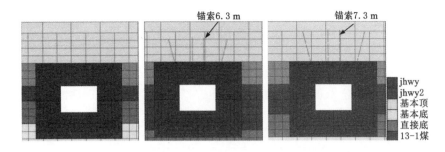

图 4-5　三种支护方案

第三节　考虑应变软化对深部煤-岩巷掘进稳定性的影响分析

FLAC³ᴰ提供了应变软化模型(model strain softening),为研究软化对深部典型煤巷围岩稳定的影响提供便利,拟通过随塑性应变增加,降低围岩内聚力的办法,对比分析软化前后巷道围岩变形特征。选取方案 1、方案 4、方案 7 煤巷掘进期间软化前后的围岩塑性区、垂直位移、水平位移对比,如图 4-6~图 4-8 所示。

由 2.3 节的矿压实测结果分析可知,采用黏聚力软化模型分析的巷道围岩变形和深部典型煤巷变形破坏现状实测结果更吻合,而未软化的深部典型煤巷巷道围岩变形太小,与实际情况不符。与此同时,软化前后塑性区对比发现,软化的深部煤巷浅部围岩出现拉应力破坏区,到深部又以压应力屈服为主,这和本书第三章模型试验获得的结论基本一致。

其他方案的塑性区同样有上述类似的规律,在此不再赘述,将软化与否对围岩变形影响的模拟结果见表 4-5(表中软化模量反映的是残余强度随塑性应变增加而减小的程度,模拟时通过试算获取,具体影响程度分析见本书第五章第一节)。从表中可以看出,随塑性应变增加的残余强度软化增加了深部典型煤巷围岩变形,表明围岩应变软化是影响回采深部典型煤巷初掘期间围岩稳定性的关键。

表 4-5　软化前后围岩移近量对比

方案	未软化				软化模量($Q=2\times10^9$ Pa)			
	顶板下沉量/mm	底鼓量/mm	左帮变形量/mm	右帮变形量/mm	顶板下沉量/mm	底鼓量/mm	左帮变形量/mm	右帮变形量/mm
1	16.00	19.02	16.23	16.22	161.38	169.68	228.70	228.43
2	38.87	45.70	54.54	54.25	296.85	309.96	249.03	252.06
3	82.16	89.54	96.58	95.92	345.67	341.08	392.72	394.35
4	61.45	51.82	62.17	61.80	327.35	344.63	291.15	290.76
5	104.01	122.68	127.81	126.74	362.54	383.84	357.65	356.33
6	14.91	18.91	16.66	16.70	163.97	141.48	226.53	223.55
7	94.43	97.94	127.08	119.86	342.38	323.61	342.06	327.80
8	18.77	20.97	18.75	18.61	191.47	174.12	252.00	252.71
9	53.75	54.49	66.61	62.44	320.91	330.48	296.53	291.20

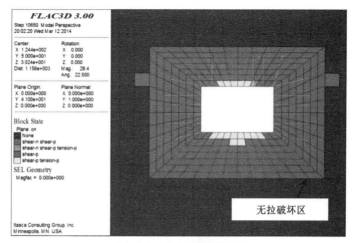

（a）未软化的巷道围岩塑性区

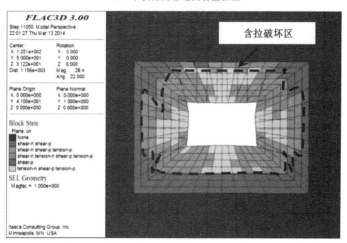

（b）软化后巷道围岩塑性区

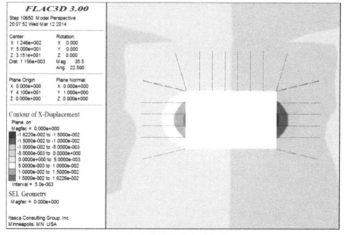

（c）未软化巷道水平位移

图 4-6　方案 1 软化前后巷道围岩塑性破坏及变形对比（掘进面后方 15 m）

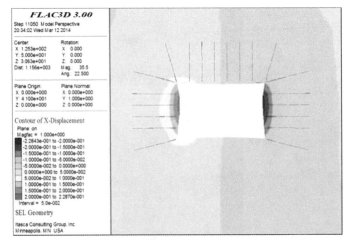

（d）软化后巷道水平位移

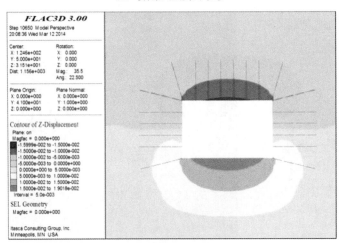

（e）未软化巷道垂直位移

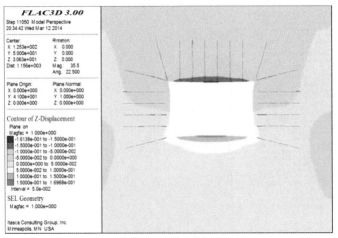

（f）软化后巷道垂直位移

图 4-6　（续）

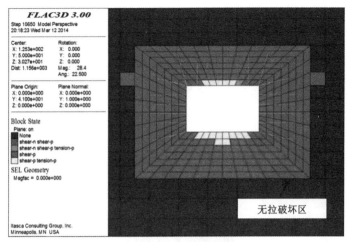

（a）未软化的巷道塑性区

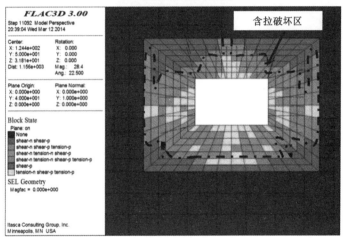

（b）未软化的巷道塑性区

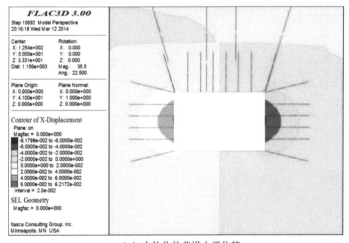

（c）未软化的巷道水平位移

图 4-7　方案 4 应变软化前后巷道围岩塑性破坏及变形对比（掘进面后方 15 m）

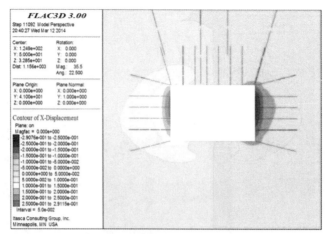

（d）软化后巷道水平位移

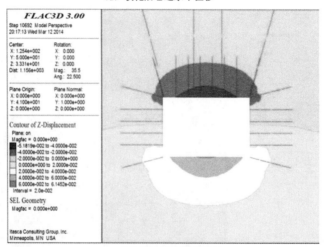

（e）未软化的巷道垂直位移

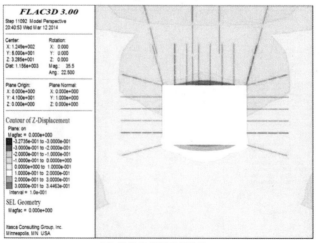

（f）软化的巷道垂直位移

图 4-7 （续）

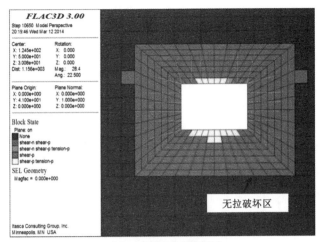

（a）未软化的巷道塑性区

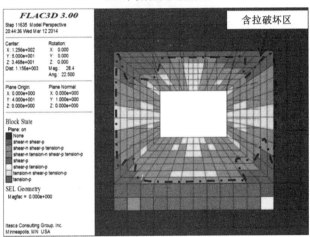

（b）软化后巷道塑性区

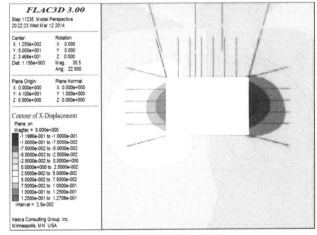

（c）未软化的巷道水平位移

图 4-8　方案 7 软化前后巷道围岩塑性破坏及变形对比（掘进面后方 15 m）

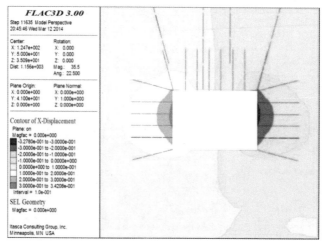

（d）软化后巷道水平位移

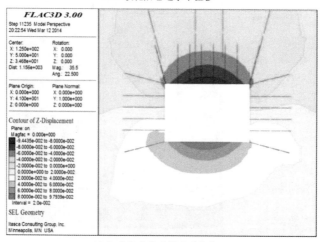

（e）未软化的巷道垂直位移

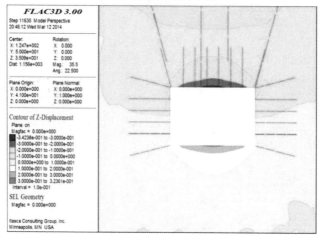

（f）软化的巷道垂直位移

图 4-8　（续）

第四节　采动对深部典型煤巷基本顶支承压力影响规律研究

由第二章围岩力学参数测试结果可知,13-1煤的煤巷基本顶坚硬,完整性较好。在煤巷初掘、工作面回采期间,其稳定性将是巷道围岩稳定控制的关键[69]。煤巷开掘后,垂直巷道正上方顶板应力得以释放,向煤帮深部转移,煤帮应力集中,随着掘进面向前推进,掘进面后方的巷道周围应力逐渐稳定。如图4-9所示,方案1掘进56 m时,掘进面后方21 m以外基本顶垂直应力基本稳定,且两帮的应力峰值变化不大,由此可判定方案1掘进采动的明显影响范围。

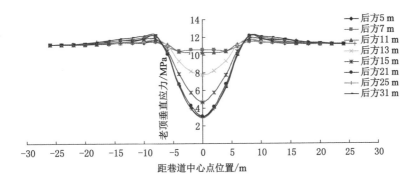

图4-9　方案1掘进后方基本顶垂直应力分布规律(掘进56 m)

在工作面回采期间,前方煤巷顶板不同区域受到超前支承压力与侧向支承压力影响程度不同,往往表现为靠工作面侧巷道基本顶应力峰值较实体煤侧大,图4-10为方案5(工作面长度为250 m、采高为4 m、埋深为1 350 m、无锚索支护)的基本顶垂直应力分布。

关于超前支承压力的推导,文献[116]给出了详细推导过程,则:

$$\sigma_y = N_0 e^{\frac{2fx}{m}\left(\frac{1+\sin\varphi}{1-\sin\varphi}\right)} \tag{4-8}$$

式中　N_0——煤帮的支撑能力;

　　　f——层面间摩擦系数;

　　　m——采高;

　　　φ——内摩擦角。

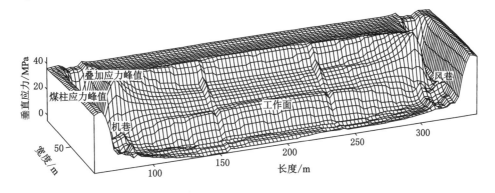

图4-10　方案5基本顶垂直应力分布

图 4-11 为丁集煤矿 1282(3)工作面轨道巷距切眼 1 215 m 处实体煤侧距巷道表面 5 m 深处垂直应力随工作面回采临近的变化曲线,虽然由于钻孔应力计和围岩表面贴合度不是很好,造成实测支承压力偏小,但整体规律性未发生改变,该曲线拟合得到表达式和式(4-9)基本吻合,即极限平衡区外的垂直应力与巷道距工作面位置的关系如下:

$$\begin{cases} \sigma_y = 13.839e^{-0.008\,7x} \\ R^2 = 0.962\,4 \end{cases} \tag{4-9}$$

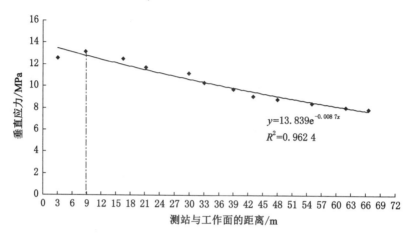

$$y = 13.839e^{-0.008\,7x}$$
$$R^2 = 0.962\,4$$

图 4-11 1282(3)轨道巷煤帮垂直应力实测曲线

在工作面前方 8.8 m 处,超前支承压力达到峰值,极限平衡区内的垂直应力处于卸荷状态。

由于实测条件及仪器本身缺陷的限制,为了进一步研究不同因素对超前及侧向支承压力的影响,需要采用三维数值分析的方法进行补充,提取相关层位垂直应力数据。首先研究锚索支护体长度对不同条件下不同阶段顶板垂直应力分布影响,将其按单因素分析,提取相关数据绘成如图 4-12 所示的基本顶垂直应力的分布图。

由图 4-12 可知,掘进期间深部典型煤巷两帮上方基本顶垂直应力呈对称分布,原岩应力取三种埋深的自重应力平均值,即 22.5 MPa,无锚索支护的垂直应力最大,24.3 MPa,峰值位置距巷道中心点 12 m,距侧帮 9.5 m,随着锚索长度的增加,峰值应力逐渐减小,峰值位置向巷道深部转移,距侧帮 10.5~11.5 m。

回采期间深部典型煤巷两帮上方基本顶垂直应力呈非对称分布,工作面侧垂直应力峰值较实体煤侧大,前者为 29.6 MPa,后者为 28.9 MPa,较掘进期间明显增高。随锚索长度的增加,基本顶垂直应力峰值逐渐减小,对控制巷道围岩稳定而言是有利的。

因考虑掘进期间煤巷基本顶垂直应力峰值变化不大(图 4-12),回采动压是影响深部典型煤巷顶板乃至整个围岩稳定的关键,特分析工作面回采期间埋深、工作面长度、采高三因素的不同水平对基本顶垂直应力分布的影响,绘出不同因素的垂直应力如图 4-13~图 4-15 所示(计算过程同锚索长度的计算过程),其中图 4-13(b)、图 4-14(b)、图 4-15(b)分别为回采期间各因素下沿峰值应力倾向剖面最大垂直应力减除对应的原岩应力,得到垂直应力增量分布示意图。由图 4-13(a)可知,采高越大,支承压力有一定的减小趋势;面长越大,支承压力越大,但整体影响较小。

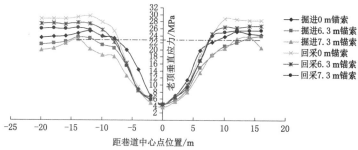

（a）不同锚索长度下基本顶垂直应力分布

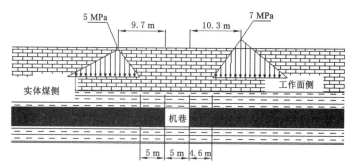

（b）锚索长度对基本顶垂直应力增量分布的影响（回采期间）

图 4-12　锚索长度对煤巷基本顶垂直应力的影响

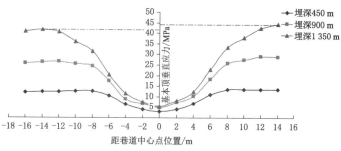

（a）不同埋深下基本顶垂直应力分布

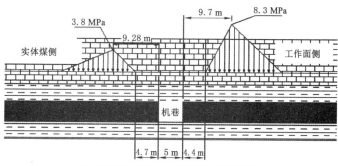

（b）埋深对基本顶垂直应力增量分布的最大影响

图 4-13　埋深对煤巷基本顶垂直应力分布的影响（工作面回采期间）

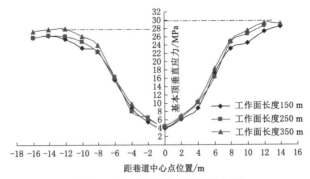

（a）不同工作面长度下基本顶垂直应力分布

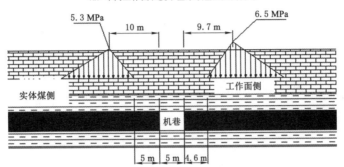

（b）工作面长度对基本顶垂直应力增量分布的最大影响

图 4-14　工作面长度对煤巷基本顶垂直应力分布的影响（回采期间峰值应力倾向剖面）

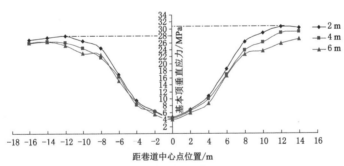

（a）不同采高基本顶垂直应力分布

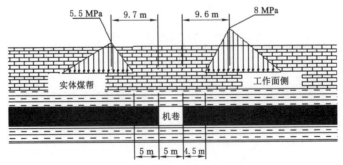

（b）采高对基本顶垂直应力增量分布的影响

图 4-15　采高对煤巷基本顶垂直应力分布的影响

埋深对基本顶支承压力的影响明显,埋深越大,基本顶支承压力越大,分析最不利的情况即支承压力最大情况下($H=1\ 350\ \text{m}$)巷道基本顶的应力分布如图4-13(b)所示,回采工作面侧基本顶垂直应力增量为8.3 MPa,实体煤侧基本顶垂直应力增量为3.8 MPa,回采面侧高于实体煤侧4.5 MPa,回采侧支承压力影响范围及峰值位置都较实体煤侧广。

由图4-14可知,工作面长度的增加对基本顶垂直应力的分布变化很小,整体上面长加长,基本顶支承压力增大,分析最不利情况(最大工作面长度为350 m)基本顶垂直应力增量为工作面侧6.5 MPa,实体煤侧5.3 MPa,分别距巷道两帮9.7 m、10 m(模拟结果略显偏大),二者距离上相差不大,结果与锚索长度、埋深对巷道两帮基本顶垂直应力分布的大小关系相同,回采面侧大于实体煤侧。

由图4-15可知,采高的增加对基本顶垂直应力的分布变化影响亦很小,采高增加,基本顶支承压力峰值一定程度上减小,变化很小(采高越大,峰值位置越远,利用式(4-8)和式(4-9)分析可知,支承压力有减小趋势),分析最不利情况下(采高2 m)基本顶垂直应力增量为工作面侧8 MPa,实体煤侧5.5 MPa,同样工作面侧高于实体煤侧,峰值点距煤壁位置基本相当,但从基本顶支承压力的影响程度而言,采高较工作面面长的影响程度大。

第五节　深部典型煤-岩巷围岩稳定性影响因素的极差分析

一、深部高水平应力煤巷围岩稳定性影响因素的极差分析

为了进一步分析各影响因素对深部典型煤巷围岩变形的影响,确定控制的主次关系,对9种方案回采期间的围岩变形量统计见表4-6。对其进行极差分析,可以确定不同因素对深部典型煤巷围岩顶板、帮部、底板稳定性的影响。

表 4-6　深部典型煤巷围岩变形一览(回采期间)

方案	超前工作面 20 m 的变形量/mm			
	顶板下沉量	底鼓量	实体煤帮变形量	工作面侧煤帮变形量
1	315	337	516	520
2	595	599	616	616
3	796	771	832	811
4	657	730	666	672
5	829	896	859	874
6	364	311	498	494
7	790	803	843	829
8	347	345	546	539
9	669	700	686	653
补充 1	515	523	592	587
补充 2	731	755	755	748

从已有因素的极差分析的结果可知,埋深是影响煤巷围岩稳定的第一因素;除工作面侧巷帮移近量之外,采高是工作面围岩移近量的第二因素;支护体长度对工作面侧巷帮移近量及底鼓量影响大;工作面长度对工作面侧巷帮移近量影响较大,对其余部位变形影响不大。

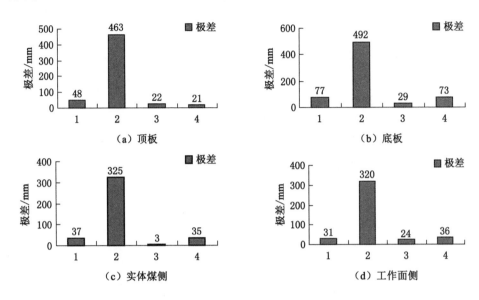

1—采高;2—埋深;3—工作面长度;4—锚索长度。

图 4-16 煤巷表面围岩移近量影响因素的极差分析

从极差分析的结果(图 4-17)可知,在已有四因素中,埋深是影响深部典型煤巷围岩稳定性最重要(极差最大)的因素,因此,分析其与巷道围岩变形的关系对围岩稳定性控制尤为重要。按单因素分析法将顶板、底板、实体煤帮及回采面侧煤帮移近量随采深变化关系绘制如图 4-15 所示;拟合得到相关变量随采深的变化表达式,相关性好,具体如下:

$$\begin{cases} S_{顶} = 422.52\ln(H) - 2\ 237.7 \\ R^2 = 0.999\ 8 \end{cases} \tag{4-10}$$

$$\begin{cases} S_{底} = 453.63\ln(H) - 2\ 432.1 \\ R^2 = 0.995 \end{cases} \tag{4-11}$$

$$\begin{cases} S_{实体帮} = 0.361H + 348.6 \\ R^2 = 0.993 \end{cases} \tag{4-12}$$

$$\begin{cases} S_{回采帮} = 0.356\ 3H + 346.87 \\ R^2 = 0.990\ 2 \end{cases} \tag{4-13}$$

式中　$S_{顶}$——顶板下沉量,mm;

　　　$S_{底}$——底鼓量,mm;

　　　$S_{实体帮}$——实体煤侧移近量,mm;

　　　$S_{回采帮}$——回采面侧移近量,mm;

　　　H——埋深,m。

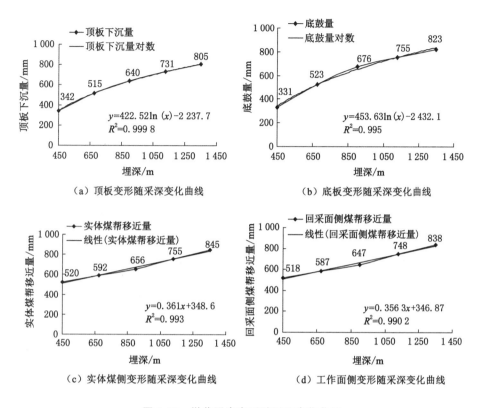

图 4-17　煤巷围岩变形随采深变化曲线

由式(4-11)和式(4-12)可知,煤巷顶底的移近量随埋深的增加呈对数增长趋势,煤巷两帮移近量随埋深的增加呈线性增长趋势。研究表明,随着深度增加,煤巷两帮移近量增加的速率较顶底移近量增加速率快。由图 4-17 可知,在 900 m 埋深处移近量相当,因此对于深部典型回采条件,控制巷道帮部围岩稳定和控制顶板离层同样重要,必要时帮部须采用锚索加固技术。

二、深部高水平应力岩巷围岩稳定性影响因素的极差分析

根据已有的深部高应力巷道围岩力学参数测试结果及地应力测试结果,结合现场调研资料,拟通过 FLAC³ᴰ 数值模拟分析深部巷道围岩变形特征,确定影响其围岩稳定的因素及顶板受力状态,为巷道稳定性控制提供定性的判定依据,模拟的部分结果内容如图 4-18 和图 4-19 所示。进一步分析各影响因素对深部高应力巷道围岩变形的影响,确定控制的主次关系,对九种方案的围岩变形量统计见表 4-7。对其进行分析,可以确定不同因素对巷道围岩顶板、帮部、底板稳定性的影响。由已有因素的极差分析的结果可知,构造应力是影响巷道围岩稳定的第一因素。图 4-20 为主控因素对巷道影响的优先级顺序。

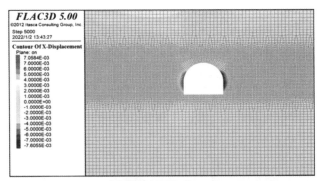

（a）试验1 X-Displancement

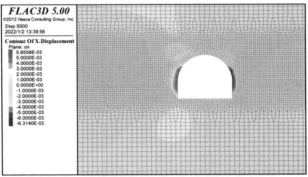

（b）试验2 X-Displancement

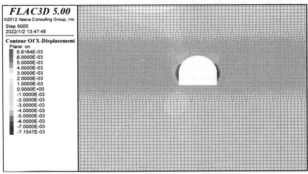

（c）试验3 X-Displancement

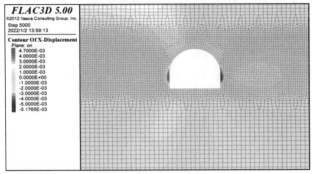

（d）试验4 X-Displancement

图 4-18　试验 1 至试验 8 位移变化

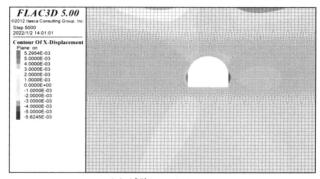

（e）试验5 X-Displancement

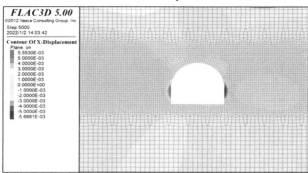

（f）试验6 X-Displancement

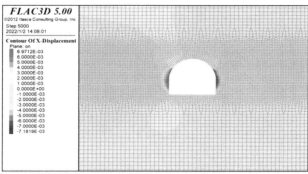

（g）试验7 X-Displancement

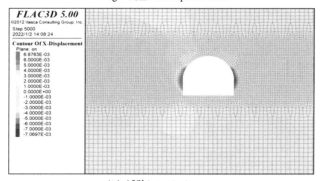

（h）试验8 X-Displancement

图 4-18　（续）

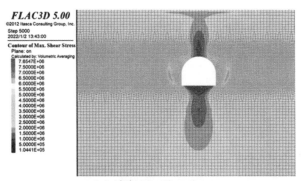

（a）试验1 Max Shear Stress

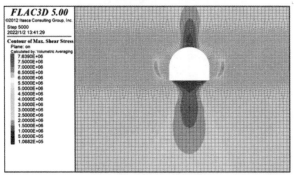

（b）试验2 Max Shear Stress

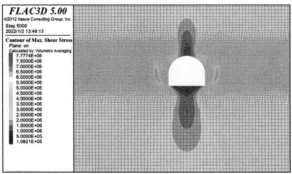

（c）试验3 Max Shear Stress

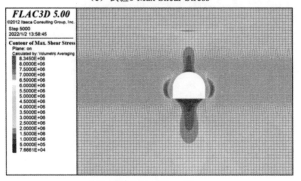

（d）试验4 Max Shear Stress

图 4-19　试验 1 至试验 8 最大剪应力变化

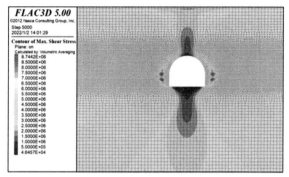

（e）试验5 Max Shear Stress

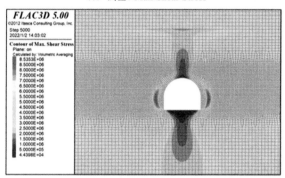

（f）试验6 Max Shear Stress

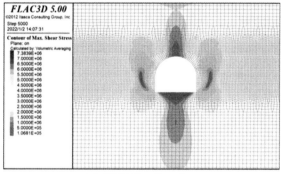

（g）试验7 Max Shear Stress

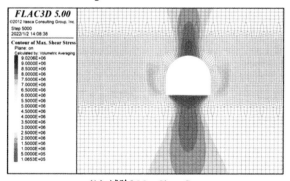

（h）试验8 Max Shear Stress

图 4-19　（续）

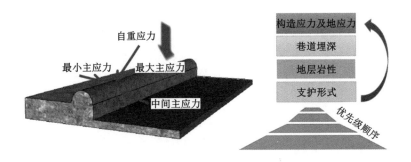

图 4-20　主控因素对巷道影响的优先级顺序

表 4-7　正交试验表

因素	埋深/m	支护长度/m	锚索支护数量/根	高应力系数
试验 1	950	2.2	0	1
试验 2	950	2.5	1	1.5
试验 3	950	2.8	3	2
试验 4	1 000	2.2	1	2
试验 5	1 000	2.5	3	1
试验 6	1 000	2.8	0	1.5
试验 7	1 050	2.2	3	1.5
试验 8	1 050	2.5	0	2
试验 9	1 050	2.8	1	1

备注：0,1,3 是指在正交模拟中所采用的锚索支护根数。

表 4-8　巷道围岩变形一览表

因素	巷道左帮变形量/mm	巷道右帮变形量/mm	最大剪应力/MPa
试验 1	70.58	76.55	7.654
试验 2	56.55	63.14	7.639
试验 3	68.16	71.54	7.777
试验 4	47.00	51.76	8.345
试验 5	52.95	56.24	8.744
试验 6	55.53	56.88	8.535
试验 7	69.71	71.81	7.383
试验 8	68.76	70.69	9.020
试验 9	53.76	69.14	8.421

第五章　深部高水平应力煤-岩巷围岩稳定性的理论研究

本章在分析深部典型煤巷围岩变形破坏特征及稳定性影响因素的基础上,结合深部典型煤巷的工程条件及初掘期间塑性变形破坏为主;回采期间超前、侧向支承压力作用于坚硬基本顶使其变形量大增的分阶段矿压显现特征,掘进期间采用应变软化、扩容、M-C 屈服准则及考虑巷道轴向高水平应力的 D-P 屈服准则(估算)分析了煤巷掘进期间的软化范围、残余范围及其影响因素;回采期间简化基本顶为"梁"的模型,分析深部典型煤巷顶板的拉伸、压缩变形分区特征及其形成条件。

第一节　深部高水平应力煤-岩巷掘进期间稳定性分析

不同于浅部围岩的弹性应力-应变关系,深部高应力条件下,煤-岩巷围岩开掘后需考虑塑性应变软化及碎胀扩容效应,同时还应考虑其三向受力状态。已有研究分别采用 M-C 屈服准则、D-P 屈服准则[55-56,116]分析扩容、软化对巷道围岩分区的影响,但忽略了最大水平应力平行于巷道轴向的这类条件,本书重点分析巷道轴向应力对围岩稳定性的影响,基于 D-P 屈服准则,构建三向应力状态下深部典型煤巷初掘后(动压影响不明显)围岩软化区、残余区及弹性区的应力场、位移场表达式,计算深部典型煤巷围岩的软化区半径、残余区半径。

假定深部煤-岩巷围岩是均质的、连续的、各向同性的,且开挖断面为圆形,非圆形断面可采用复变函数[117]或"等效外接圆"法[118]计算,本书拟用外接圆处理,设不等压圆形巷道受垂直应力 P(P 为原岩应力,与埋深成正比),水平应力 λP,弹性区内其应力表达式可根据应力平衡方程、几何方程、物理方程及应力函数的半逆解法求出,受力分解见图 5-1,将圆形巷道非等压受力弹性区应力表达式的求解难题分解为等压的轴对称问题及一侧受拉、一侧受压的边界问题求解。

应力平衡方程:

$$\frac{\partial \sigma_r}{\partial r} + \frac{\sigma_r - \sigma_\theta}{r} + \frac{\partial \tau_{r\theta}}{r\partial \theta} + f_r = 0 \tag{5-1}$$

几何方程:

$$\begin{cases} \varepsilon_r = \dfrac{\partial u}{\partial r} \\ \varepsilon_\theta = \dfrac{u}{r} \end{cases} \tag{5-2}$$

物理方程(平面应变问题):

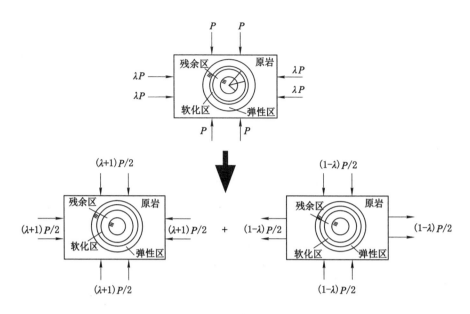

图 5-1 巷道围岩应力分解

$$\begin{cases} \varepsilon_r = \dfrac{1-\mu^2}{E}\left(\sigma_r - \dfrac{\mu}{1-\mu}\sigma_\theta\right) \\ \varepsilon_\theta = \dfrac{1-\mu^2}{E}\left(\sigma_\theta - \dfrac{\mu}{1-\mu}\sigma_r\right) \end{cases} \tag{5-3}$$

解答不等压圆形巷道弹性区的应力表达式可用改进基尔希公式的表达式求出：

$$\begin{cases} \sigma_r = \dfrac{(\lambda+1)}{2}P\left(1-\dfrac{R_A^2}{r^2}\right)+\sigma_{R_A}\dfrac{R_A^2}{r^2}-\dfrac{(1-\lambda)}{2}P\left(1-4\dfrac{R_A^2}{r^2}+3\dfrac{R_A^4}{r^4}\right)\cos 2\theta \\ \sigma_\theta = \dfrac{(\lambda+1)}{2}P\left(1+\dfrac{R_A^2}{r^2}\right)-\sigma_{R_A}\dfrac{R_A^2}{r^2}+\dfrac{(1-\lambda)}{2}P\left(1+3\dfrac{R_A^4}{r^4}\right)\cos 2\theta \\ \tau_{r\theta} = \dfrac{(1-\lambda)}{2}P\left(1+2\dfrac{R_A^2}{r^2}-3\dfrac{R_A^4}{r^4}\right)\sin 2\theta \end{cases} \tag{5-4}$$

式中： σ_r——弹性区径向应力；

λ——侧压系数；

P——原岩应力；

R_A——弹塑性交界处距巷道中心点距离，塑性区半径；

r,θ——极坐标下任意一点的坐标；

σ_θ——弹性区环向应力；

$\tau_{r\theta}$——弹性区的剪应力；

f_c——单轴抗压强度，MPa。

如图 5-2 所示，当 $r>R_A$ 时，记为弹性区；$R_A>r>R_B$，记为塑性软化区；$R_B>r>R_D$，记为塑性软化区；巷道中心点 O 处，开挖半径 $R_D=a$。

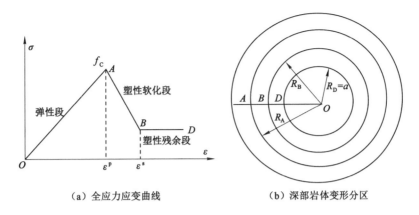

（a）全应力应变曲线　　　　　　（b）深部岩体变形分区

图 5-2　巷道围岩应力-应变分区

一、弹塑性分区应力

1. 弹性区应力

$$
\begin{cases}
\sigma_r = \dfrac{(\lambda+1)}{2}P\left(1-\dfrac{R_A^2}{r^2}\right)+\sigma_{R_A}\dfrac{R_A^2}{r^2}-\dfrac{(1-\lambda)}{2}P\left(1-4\dfrac{R_A^2}{r^2}+3\dfrac{R_A^4}{r^4}\right)\cos 2\theta \\[2mm]
\sigma_\theta = \dfrac{(\lambda+1)}{2}P\left(1+\dfrac{R_A^2}{r^2}\right)-\sigma_{R_A}\dfrac{R_A^2}{r^2}+\dfrac{(1-\lambda)}{2}P\left(1+3\dfrac{R_A^4}{r^4}\right)\cos 2\theta \\[2mm]
\tau_{r\theta} = \dfrac{(1-\lambda)}{2}P\left(1+2\dfrac{R_A^2}{r^2}-3\dfrac{R_A^4}{r^4}\right)\sin 2\theta
\end{cases}
\tag{5-5}
$$

2. 弹塑性交界处应力

按材料力学平面应力状态，可计算得到最大、小主应力为：

$$
\sigma_{1,3}=\frac{\sigma_r+\sigma_\theta}{2}\pm\sqrt{\left(\frac{\sigma_r-\sigma_\theta}{2}\right)^2+\tau_{r\theta}^2}
\tag{5-6}
$$

$$
\sigma_1=\frac{(\lambda+1)}{2}P+(1-\lambda)P\frac{R_A^2}{r^2}-
$$

$$
\sqrt{\left\{\frac{(\lambda+1)}{2}P\frac{R_A^2}{r^2}+\sigma_{R_A}\frac{R_A^2}{r^2}-\left[\frac{(1-\lambda)}{2}P\left(1+3\frac{R_A^4}{r^4}\right)-(1-\lambda)P\frac{R_A^2}{r^2}\right]\cos 2\theta\right\}^2+\left[\frac{1-\lambda}{2}P\left(1+2\frac{R_A^2}{r^2}-3\frac{R_A^4}{r^4}\right)\sin 2\theta\right]^2}
$$

$$
\sigma_3=-\frac{(\lambda+1)}{2}P+(1-\lambda)P\frac{R_A^2}{r^2}+
$$

$$
\sqrt{\left\{\frac{(\lambda+1)}{2}P\frac{R_A^2}{r^2}+\sigma_{R_A}\frac{R_A^2}{r^2}-\left[\frac{(1-\lambda)}{2}P\left(1+3\frac{R_A^4}{r^4}\right)-(1-\lambda)P\frac{R_A^2}{r^2}\right]\cos 2\theta\right\}^2+\left[\frac{1-\lambda}{2}P\left(1+2\frac{R_A^2}{r^2}-3\frac{R_A^4}{r^4}\right)\sin 2\theta\right]^2}
$$

当 $r=R_A$ 时，$\tau_{r\theta}=0$，$\sigma_1=\sigma_\theta$，$\sigma_3=\sigma_r$，则：

$$
\sigma_1=\sigma_\theta\big|_{r=R_A}=-(\lambda+1)P-\sigma_{R_A}+2(1-\lambda)P\cos 2\theta,\ \sigma_3=\sigma_{R_A}
$$

3. 塑性软化区应力

峰后碎胀扩容区分为塑性软化区、塑性残余区。假定碎胀扩容区软化模量为 Q（当内摩擦角 φ 变化不大时，也可表示为黏聚力的线性软化）碎胀区扩容梯度为 n、残余区扩容梯度为 m，（忽略了软化模量其他变量的介绍）峰后碎胀扩容区（软化区）本构关系可由下式表出：

$$\begin{cases} Q = \dfrac{\sigma_c - \sigma_{cp}}{\varepsilon_\theta^p - \varepsilon_\theta^c} \\ \sigma_{cp} = \sigma_c - Q(\varepsilon_\theta^p - \varepsilon_\theta^c) \end{cases} \tag{5-7}$$

4. 塑性残余区应力

设为 σ_s，对应图 5-2 全应力-应变曲线的 BD 段。

二、弹塑性分区位移

1. 体积应变为 0 时的位移

体积应变为 0 时，应变关系为：

$$\varepsilon_r + \varepsilon_\theta = 0 \tag{5-8}$$

结合式(5-2)、式(5-8)可得：

$$\frac{\partial u}{\partial r} + \frac{u}{r} = 0$$

积分可得弹性区的位移表达式为：

$$u = \frac{A}{r} \tag{5-9}$$

(1) 弹性区位移

弹塑性区位移连续可知：

$$u = \frac{A}{R_A} = R_A \varepsilon_\theta = R_A \frac{1}{E}[\sigma_\theta - \mu(\sigma_r + \sigma_z)] = R_A \frac{1}{E}\{\sigma_\theta - \mu[\sigma_r + \mu(\sigma_r + \sigma_\theta)]\}$$

那么：

$$A = R_A^2 \frac{1}{E}\{\sigma_\theta - \mu[\sigma_r + \mu(\sigma_r + \sigma_\theta)]\} \tag{5-10}$$

则弹性区位移表达式：

$$u_e = \frac{R_A^2\{\sigma_\theta - \mu[\sigma_r + \mu(\sigma_r + \sigma_\theta)]\}}{rE}$$

(2) 塑性区位移

同理，塑性区的位移为：

$$u_p = \frac{R_A^2\{\sigma_\theta - \mu[\sigma_r + \mu(\sigma_r + \sigma_\theta)]\}}{rE} \tag{5-11}$$

2. 体积应变不为 0 时的位移

塑性软化区、残余区的应变关系如图 5-3 所示，其非关联流动法则可表示为：

$$\varepsilon_r^p + n\varepsilon_\theta^p = 0, \varepsilon_r^s + m\varepsilon_\theta^s = 0 \tag{5-12}$$

结合几何方程：

$$\sigma_1 = \sigma_\theta\big|_{r=R_A} = -(\lambda+1)P - \sigma_{R_A} + 2(1-\lambda)P\cos 2\theta$$

积分可得：

$$u_p = c_1 r^{-n}, u_s = c_2 r^{-m} \tag{5-13}$$

上式中，下标"e"表示为弹性区的量；上、下标"p"表示塑性软化区的量；上、下标"s"表示为塑性残余区的量。

(1) 弹塑交界性区位移

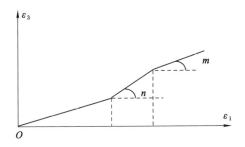

图 5-3　岩石应变的 ε_1-ε_3 关系

弹塑性交界区的位移可由几何方程及本构方程求出,需要注意的是:弹塑性交界处的应力为:$\sigma_1 = \sigma_\theta \mid_{r=R_A} = -(\lambda+1)P - \sigma_{R_A} + 2(1-\lambda)P\cos 2\theta$,$\sigma_3 = \sigma_{R_A}$,且巷道走向应变相对走向长度而言很小,可按平面应变问题处理。

$$u_{ep} = r\varepsilon_\theta^{ep} = r\frac{(1+\mu)}{E}[\sigma_1 - \mu(\sigma_1 + \sigma_3)] \tag{5-14}$$

$$u_{ep} = r\varepsilon_\theta^{ep} = r\frac{(1+\mu)}{E}[-(\lambda+1)P - \sigma_{R_A} + 2(1-\lambda)P\cos 2\theta + 2\mu(1-\lambda)P\cos 2\theta]$$

$$= r\frac{(1+\mu)}{E}[(\mu-1)(\lambda+1)P - \sigma_{R_A} + 2(1-\mu)(1-\lambda)P\cos 2\theta]$$

令 $N = \frac{(1+\mu)}{E}[(\mu-1)(\lambda+1)P - \sigma_{R_A} + 2(1-\mu)(1-\lambda)P\cos 2\theta]$,则:

$$\varepsilon_\theta^{ep} = \varepsilon_\theta^c = \frac{(1+\mu)}{E}[(\mu-1)(\lambda+1)P - \sigma_{R_A} + 2(1-\mu)(1-\lambda)P\cos 2\theta] = N$$

根据弹塑性交界处位移连续条件可得:

$$NR_A = c_1 R_A^{-n}$$

则:

$$c_1 = NR_A^{n+1} \tag{5-15}$$

将式(5-15)代入式(5-14),可得:

$$u_{ep} = NR_A \tag{5-16}$$

(2) 塑性软化区位移

$$u_p = NR_A^{n+1} r^{-n}$$

$$\varepsilon_\theta^p = NR_A^{n+1} r^{-n-1} = N\left(\frac{R_A}{r}\right)^{n+1} \tag{5-17}$$

(3) 塑性残余区位移

如图 5-4 所示,设 $r = R_B$ 为巷道塑性软化与塑性残余交界区,则残余区位移:

$$u_{ps} = NR_A^{n+1} R_B^{-n}$$

$$\varepsilon_\theta^{ps} = NR_A^{n+1} R_B^{-n-1}$$

由塑性软化区与残余区交界处位移连续条件可得:

$$R_A^{n+1}\frac{(1+\mu)}{E}[(\mu-1)(\lambda+1)P - \sigma_{R_A} + 2(1-\mu)(1-\lambda)P\cos 2\theta]R_B^{-n} = c_2 R_B^{-m}$$

$$\tag{5-18}$$

则:

$$c_2 = NR_A^{n+1} R_B^{m-n}$$

计算得到塑性残余区位移为：

$$u_s = NR_A^{n+1} R_B^{m-n} r^{-m} \tag{5-19}$$

三、不同准则下的弹塑性分区特性

1. M-C 屈服准则下的巷道围岩分区特性

（1）弹塑性交界处的径向应力求解

根据弹性区与塑性软化区的应力连续 $\sigma_r^e = \sigma_r^p$，$\sigma_\theta^e = \sigma_\theta^p$，可计算出 σ_{R_A}[55,119]：

$$\sigma_\theta^{ep} = \sigma_r^{ep} \frac{1+\sin\varphi}{1-\sin\varphi} + \frac{2c\cos\varphi}{1-\sin\varphi} \tag{5-20}$$

那么：

$$\sigma_\theta^e \big|_{r=R_A} = -(\lambda+1)p - \sigma_{R_A} + 2(1-\lambda)p\cos 2\theta, \sigma_r^e \big|_{r=R_A} = \sigma_{R_A}$$

$$\sigma_{R_A} = \left[\frac{(\lambda+1)}{2}p - (1-\lambda)p\cos 2\theta\right](1-\sin\varphi) - c\cos\varphi \tag{5-21}$$

（2）塑性软化区应力求解

将 M-C 屈服准则代入平衡微分方程，可得：

$$\frac{\partial\sigma_r}{\partial r} + \frac{(1-k)\sigma_r - \sigma_{cp}}{r} = 0 \tag{5-22}$$

移项，可得：

$$\frac{\partial\sigma_r}{\partial r} - \frac{(k-1)\sigma_r}{r} = \frac{\sigma_{cp}}{r}$$

上式形如 $y' + P(x)y = Q(x)$ 的一阶线性微分方程，采用一次微分方程的通解及特解即可求解，代入边界条件 $r=R_A$，$\sigma_r = \sigma_{R_A}$，$\sigma_{cp} = \sigma_c$，再根据 M-C 屈服准则可解得：

$$\begin{cases} \sigma_r = \dfrac{\sigma_c + QN}{1-k} + \dfrac{QN}{n+k}\left(\dfrac{R_A}{r}\right)^{n+1} + \left(\dfrac{R_A}{r}\right)^{1-k}\left(\sigma_{R_A} - \dfrac{\sigma_c+QN}{1-k} - \dfrac{QN}{n+k}\right) \\ \sigma_\theta = k\sigma_r + \sigma_{cp} \\ \quad = k\left[\dfrac{\sigma_c+QN}{1-k} + \dfrac{QN}{n+k}\left(\dfrac{R_A}{r}\right)^{n+1} + \left(\dfrac{R_A}{r}\right)^{1-k}\left(\sigma_{R_A} - \dfrac{\sigma_c+QN}{1-k} - \dfrac{QN}{n+k}\right)\right] + \\ \quad \sigma_c - QN\left[\left(\dfrac{R_A}{r}\right)^{n+1} - 1\right] \end{cases} \tag{5-23}$$

（3）塑性残余区应力求解

残余区应力满足 M-C 准则及应力平衡方程，则：

$$\frac{1}{k-1}\ln[(k-1)\sigma_r + \sigma_s] = \ln r + \ln B \tag{5-24}$$

代入边界条件 $r=a$，$\sigma_r = P_i$，即可解出：

$$B = \frac{[(k-1)P_i + \sigma_s]^{\frac{1}{k-1}}}{a}$$

根据式（5-20）可求得：

$$\begin{cases} \sigma_r = \left(P_i - \dfrac{\sigma_s}{1-k}\right)\left(\dfrac{a}{r}\right)^{1-k} + \dfrac{\sigma_s}{1-k} \\ \sigma_\theta = k\left[\left(P_i - \dfrac{\sigma_s}{1-k}\right)\left(\dfrac{a}{r}\right)^{1-k} + \dfrac{\sigma_s}{1-k}\right] + \sigma_s \end{cases} \tag{5-25}$$

在塑性区内,根据应力软化方程[式(5-12)]及塑性软化区与残余区应力连续条件[式(5-23)和式(5-25)],可得:

$$
\begin{cases}
N\left(\dfrac{R_\mathrm{A}}{R_\mathrm{B}}\right)^{n+1} - N = \dfrac{\sigma_\mathrm{c} - \sigma_\mathrm{s}}{Q} \\[2mm]
\dfrac{\sigma_\mathrm{c}+QN}{1-k} + \dfrac{QN}{n+k}\left(\dfrac{R_\mathrm{A}}{R_\mathrm{B}}\right)^{n+1} + \left(\dfrac{R_\mathrm{A}}{R_\mathrm{B}}\right)^{1-k}\left(\sigma_{R_\mathrm{A}} - \dfrac{\sigma_\mathrm{c}+QN}{1-k} - \dfrac{QN}{n+k}\right) = \left(P_\mathrm{i} - \dfrac{\sigma_\mathrm{s}}{1-k}\right)\left(\dfrac{R_\mathrm{A}}{R_\mathrm{B}}\right)^{1-k} + \dfrac{\sigma_\mathrm{s}}{1-k}
\end{cases}
$$

那么:

$$
R_\mathrm{A} = R_\mathrm{B}\left(\dfrac{M}{QN}\right)^{\frac{1}{1+n}} \tag{5-26}
$$

$$
R_\mathrm{B} = a\left\{\dfrac{M}{P_\mathrm{i}(1-k)-\sigma_\mathrm{s}} + \dfrac{M(1-k)}{[P_\mathrm{i}(1-k)-\sigma_\mathrm{s}](n+k)} + \right.
$$

$$
\left. \dfrac{1-k}{P_\mathrm{i}(1-k)-\sigma_\mathrm{s}}\left[\left(\sigma_{R_\mathrm{A}} - \dfrac{\sigma_\mathrm{c}+QN}{1-k} - \dfrac{QN}{n+k}\right)\left(\dfrac{M}{QNH}\right)^{\frac{1-k}{1+n}}\right]^{\frac{1}{k-1}}\right\} \tag{5-27}
$$

式中,$M = \sigma_\mathrm{c} - \sigma_\mathrm{s} + QN$。

代入文献[120]的参数 $E = 1\,381$ MPa、$\sigma_\mathrm{c} = 4.158$ MPa、$\sigma_\mathrm{s} = 0.49$ MPa、$\phi = 30°$、$c = 0.3$ MPa、$P = 6.527$ MPa。拟定巷道半径 $a = 3$ m,塑性软化区、残余区扩容梯度分别为 $n = 2$、$m = 1.5$。

假定支护力 $P_\mathrm{i} = 0.3$ MPa,则巷道围岩分区范围与软化模量的关系如图 5-4 所示。

由图 5-4 可知,软化模量对塑性残余区、塑性软化区影响很大。对于残余区、软化区范围的影响而言,软化模量的初始变化梯度($Q < 2$ GPa)对两分区范围的增加较后续变化梯度的影响大,因此控制初始软化对深部典型煤巷围岩稳定性控制而言,是极为关键的。

假定软化模量 Q 固定为 $1.5E$,则巷道围岩分区范围与支护力的关系如图 5-5 所示。

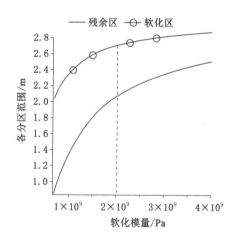

图 5-4　分区范围与软化模量的关系

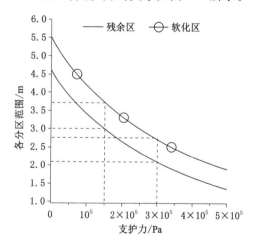

图 5-5　支护力与分区范围的关系

由图 5-5 可知,当支护力从 0 MPa 增加到 0.15 MPa 时,巷道塑性软化区、残余区的范围分别由 5.5 m、4.6 m 减小到 3.7 m、3 m,支护力再由 0.15 MPa 增加到 0.3 MPa 时,巷道塑性软化区、残余区的范围分别由 3.7 m、3 m 减小到 2.8 m、2.1 m。计算结果表明,初始支护力对塑性软化区、残余区的范围影响很大,增加初始支护力对控制深部典型煤巷围岩塑性区范围,是十分必要的。

以上研究表明,及时有效的高预应力支护能够很好地控制塑性软化区、残余区的扩展;反之,也能相应减小掘进期间软化对深部煤巷围岩变形的影响,见图 5-6。

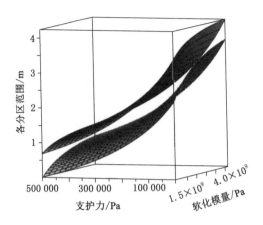

图 5-6 两分区范围受软化模量、支护强度综合影响规律

针对上述文献参数计算得到初始支护强度不应低于 0.3 MPa,才能确保长度 2.2 m 以上的锚杆锚固于软化区而非残余区,但对深部典型煤巷而言,其合适的预应力及锚杆长度仍需代入具体参数计算得到。煤巷开挖半径增大,两分区范围呈线性增加;工作面回采期间,巷道基本顶垂直应力增加,两分区范围线性渐增。

图 5-6 中,上曲面为软化区范围,下曲面为残余区范围。

2. D-P 屈服准则下巷道围岩分区特性

为分析开挖洞轴方向水平应力对巷道围岩稳定性的影响,需采用三向应力状态去研究,基于 M-C 屈服准则的 D-P 屈服准则能够很好地分析该应力状态的围岩塑性破坏特征。

设煤巷塑性屈服时服从 D-P 准则,即:

$$\sqrt{J_2} - \alpha I_1 - v = 0 \tag{5-28}$$

式中 I_1——应力偏量第一不变量,其值为 $\sigma_1 + \sigma_2 + \sigma_3$;

J_2——应力偏量第二不变量,其值为 $\dfrac{(\sigma_1 - \sigma_2)^2 + (\sigma_3 - \sigma_1)^2 + (\sigma_2 - \sigma_3)^2}{6}$。

D-P 屈服准则的相应参数为:

DP1(π 面上 M-C 屈服面外角点外切圆):

$$\alpha = \frac{2\sin\varphi}{\sqrt{3}(3 - \sin\varphi)}, v = \frac{6c\cos\varphi}{\sqrt{3}(3 - \sin\varphi)}$$

DP2(π 面上 M-C 屈服面内角点外切圆):

$$\alpha = \frac{2\sin\varphi}{\sqrt{3}(3 + \sin\varphi)}, v = \frac{6c\cos\varphi}{\sqrt{3}(3 + \sin\varphi)}$$

DP3(π 面上 M-C 屈服面内切圆):

$$\alpha = \frac{\sin\varphi}{\sqrt{3}\sqrt{3 + \sin^2\varphi}}, v = \frac{\sqrt{3}c\cos\varphi}{\sqrt{3 + \sin\varphi}}$$

将 D-P 屈服准则做如下变换：

$$J_2 = \alpha^2 I_1^2 + v^2 + 2v\alpha I_1$$

可得：

$$\frac{(\sigma_1 - \sigma_2)^2 + (\sigma_3 - \sigma_1)^2 + (\sigma_2 - \sigma_3)^2}{6} = \frac{\sin^2\varphi}{3(3 + \sin^2\varphi)}(\sigma_1 + \sigma_2 + \sigma_3)^2 + \frac{3c^2\cos^2\varphi}{3 + \sin\varphi} +$$

$$2\frac{\sqrt{3}c\cos\varphi}{\sqrt{3 + \sin\varphi}}\frac{\sin\varphi}{\sqrt{3}\sqrt{3 + \sin^2\varphi}}(\sigma_1 + \sigma_2 + \sigma_3)$$

设最大水平主应力与巷道轴向平行，最大构造应力系数为 Ψ。

$$\sigma_\theta^e \big|_{r=R_A} = -(\lambda + 1)\sigma_v - \sigma_{R_A} + 2(1 - \lambda)\sigma_v\cos 2\theta, \sigma_r^e\big|_{r=R_A} = \sigma_{R_A}, \sigma_H = \Psi\sigma_v \quad (5\text{-}29)$$

通过上式可计算得到：

$$\sigma_{R_A} = f(\lambda, h, \gamma, \theta, \varphi, \Psi)$$

上式计算结果可通过 Maple 编程求出。因式子较长，此处用含相关变量的函数表达式表示。

构造主应力系数[51]，考虑到应力环境多变，在此不规定 b 的范围，则：

$$(5\text{-}30) \quad \begin{cases} b = \dfrac{\sigma_H - \sigma_1}{\sigma_1 - \sigma_3} \\[2mm] \sigma_H = (b + 1)\sigma_1 - b\sigma_3 \\[2mm] I_1 = (b + 2)\sigma_1 + (1 - b)\sigma_3 \\[2mm] J_2^{'} = \dfrac{(\sigma_1 - \sigma_3)^2 + (\sigma_1 - \sigma_H)^2 + (\sigma_3 - \sigma_h)^2}{6} \\[2mm] \quad = \dfrac{b^2(\sigma_1 - \sigma_3)^2 + (b+1)^2(\sigma_1 - \sigma_3)^2 + (\sigma_1 - \sigma_3)^2}{6} = \dfrac{(b^2 + b + 1)}{3}(\sigma_1 - \sigma_3)^2 \end{cases}$$

令 $t = \sqrt{\dfrac{(b^2 + b + 1)}{3}}$，代入上式，则：

$$t(\sigma_1 - \sigma_3) = \alpha[(b + 2)\sigma_1 + (1 - b)\sigma_3] + v[(b + 2)\alpha - t]\sigma_1$$
$$= (b - 1 - t)\sigma_3 - v$$

化成 M-C 的形式为：

$$\sigma_1 = \frac{(b - 1 - t)}{(b + 2)\alpha - t}\sigma_3 - \frac{v}{(b + 2)\alpha - t} \quad (5\text{-}31)$$

若按 M-C 屈服准则求解，令 $k = \dfrac{(b - 1 - t)}{(b + 2)\alpha - t}, \sigma_c = -\dfrac{v}{(b + 2)\alpha - t}$，将式中的 k、σ_c 替换为 $\dfrac{(b - 1 - t)}{(b + 2)\alpha - t}$、$-\dfrac{v}{(b + 2)\alpha - t}$，但因不同于 M-C 准则的 k、σ_c 参数为常量，

D-P 屈服准则中 t、b、v 均含有 σ_1、σ_3，故式的求解过程极其复杂，难以得到函数的解析解。

本书提供一种估算法，假设其余条件基本一致，引入的最大水平主应力与垂直应力比值 Ψ 分别为 1.05、1.25、1.5、1.8。

固定软化模量 $Q = 2.0E$、支护力 $P_i = 0.3$ MPa，与 M-C 准则下的弹塑性交界区径向应力对比分析如下表 5-1。

表 5-1　不同准则下弹塑性交界处径向应力 σ_{R_A} 对比（$\theta=90°$）

σ_{R_A}/MPa	Ψ			
	1.05	1.25	1.5	1.8
M-C 准则	2.8	2.8	2.8	2.8
D-P1 准则	3.0	2.9	3.0	3.9
D-P2 准则	3.4	3.3	3.4	4.2
D-P3 准则	3.1	3.0	3.1	3.6

由图 5-7 可知，弹塑性交界处径向应力的升高和塑性软化区、残余区范围的增加近似线性正比，因此可通过表 5-1 计算的径向应力后按 M-C 屈服准则计算结果乘以系数的办法来估算 D-P 屈服准则下的软化区、残余区范围。表 5-1 表明，随着最大水平应力的升高，采用 D-P 屈服准则计算得到的顶板弹塑性应力交界处的径向应力先减小后增大，拐点在 $\Psi=1.3$ 左右，在 Ψ 取 1.0～1.8 时，巷道顶板弹塑性交界区径向应力为 M-C 屈服准则计算的 1～1.5 倍。因此，巷道顶板塑性软化区、残余区范围也应较 M-C 屈服准则计算得到的结果大，为 1～1.5 倍，本书后续计算考虑轴向应力影响选择 1.18 倍系数加以分析。

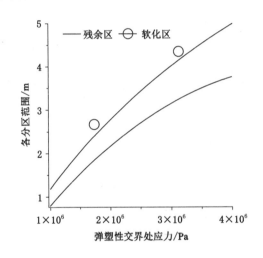

图 5-7　分区范围随 σ_{R_A} 变化关系

四、算例分析

代入淮南 13-1 煤典型条件（埋深 $H=900$ m，铅垂应力 22.5 MPa，帮部，$\theta=0°$），计算淮南矿区深部典型煤巷煤帮的塑性区、软化区范围，直接顶、直接底的塑性区、软化区范围因受支护力（一般顶板锚索加强支护、底板无支护）、岩石力学参数（峰值强度、残余强度、内摩擦角、黏聚力）、软化模量及弹性模量等综合因素影响，设计时可结合现场矿压实测资料，乘以一定系数换算得到。

由计算结果可知，现有的煤巷巷帮锚杆支护长度一般小于或等于 2.5 m，基本处于残余区内，其对煤巷围岩稳定性控制是不利的。因此，变形破坏严重的深部典型煤巷帮部锚索补强支护对煤巷掘进期间围岩稳定性控制而言，是有效的控制手段之一。与此同时，也可辅以注浆锚杆、注浆锚索、喷碹等提高围岩残余强度减少软化模量的增加,提高初始支护强度减小深部典型煤巷围岩塑性区(软化区、残余区)的扩展范围。

表 5-2　深部典型煤巷塑性区、残余区计算参数及结果

	E/GPa	σ_c/MPa	μ	σ_s/MPa	$\varphi/(°)$	c/MPa	λ
13-1 煤 基本参数	2.2	14.29	0.3	1.8	25	6	0.75
	a/m		s/MPa	P_i/MPa		m	n
	4		0.2	4.4		2	1.5
计算 结果	M-C 屈服准则				D-P 屈服准则		
	软化区范围/m		残余区范围/m		软化区范围/m		残余区范围/m
	3.2		2.6		3.8		3.1

注:"残余区范围"是指软化区与残余区交界面距巷道表面距离;"软化区范围"是指软化区与弹性区交界面距巷道表面距离,计算参数来源于第二章实测及文献[117]。

第二节　深部高水平应力煤巷回采期间稳定性分析

一、深部典型煤巷围岩稳定性分析

通过围岩力学参数测试(第二章第三节)结果可知,13-1 煤的煤层基本顶较坚硬,单轴抗压强度达 120 MPa 左右,其稳定性将是煤巷围岩整体稳定性的关键。分析第三章模型试验结果可知,随着加载压力的增加,巷帮顶板围岩经历了小应变、浅部拉深部压应变、拉应变为主的应变破坏过程,第四章数值模拟研究结果表明:巷道两帮的支承压力峰值位置随工作面埋深、采高、面长及锚索长度的变化有所不同,且峰值大小有很大差异,如随煤巷埋深增加,巷帮支承压力明显增加,采高增加,巷帮支承压力有所减小。

为了量化分析,对模型分析的条件做如下假定:

(1)各岩层自身是均质、连续的、各向同性的材料。

(2)假定煤巷弹性区围岩为温克勒(Winkler)弹性地基梁[121],能提供和支承压力等大小的支护反力。

(3)塑性区的承载性能随着 13-1 煤及直接顶的材料损伤而锐减,损伤函数服从威布尔(Weibull)分布,即煤壁到弹塑性交界处支护反力逐渐增大,但均小于基本顶支承压力。

(4)假定基本顶以给定变形的形式作用于直接顶及 13-1 煤,巷道周围直接顶及 13-1 煤的围岩变形是一致的。

(5)随支承压力的增加,原处于支承压力峰值以内的塑性区半径扩展速度较支承压力峰值快,假定其在同一位置,且峰值点损伤后的支护反力与顶板压力的合力为一待定常量。

(6)13-1 煤基本顶强度大,在其厚跨比小于 1/5 时,符合"梁"模型要求。

掘进期间巷道的塑性区通过第五章第二节计算可知最大为 3.8 m(D-P 屈服准则),随着动载系数的增高,塑性区范围不断向外扩展。如图 5-8 所示,巷帮支承压力峰值位置(极限应力平衡区宽度)可通过式(5-32)[122]算出,则：

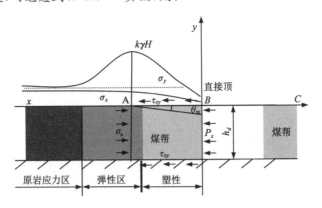

图 5-8　煤帮的应力分布

$$x_0 = \frac{m\lambda}{2\tan\varphi_0} \ln\left(\frac{K\gamma H + \dfrac{c_0}{\tan\varphi_0}}{\dfrac{c_0}{\tan\varphi_0} + \dfrac{P_x}{\lambda}}\right) \tag{5-32}$$

式中　m——煤层开采厚度,此处为巷道开掘高度,m；

　　　λ——侧压系数；

　　　φ_0——煤层与顶板交界面处的内摩擦角,(°)；

　　　K——峰值应力集中系数；

　　　γ——上覆岩层平均容重,计算时取 25 kN/m³；

　　　c_0——煤层与顶板交界面处的黏聚力,MPa；

　　　P_x——支护体对煤帮的支护反力,MPa。

　　深部典型煤巷现场实测结果(一般塑性区范围 2～4 m,而支承压力峰值位置 3～7 m)及第五章第一节计算结果表明:支承压力的峰值位置一般较塑性区范围大,这是因为煤层与顶底板间的层间黏聚力、内摩擦角较煤体内摩擦力、内摩擦角小[122],同时围岩深部煤岩体处于三向应力状态,其破坏范围不能用单轴压缩理论去简单解释,一定程度上也说明了处于塑性区的支承压力较峰值点小,初掘期间的巷道围岩基本稳定,回采动压是影响深部典型煤巷围岩稳定性的主因。

　　由关键层理论可知,深部煤巷围岩稳定性控制的关键是工作面回采期间基本顶岩梁的稳定性控制。模型试验及数值计算结果表明,回采期间深部典型煤巷顶板运动有别于浅部煤巷,出现浅部拉应变、深部压应变的变形特征,随着支承压力持续增加、煤巷顶板又以拉应变破坏为主。

　　构建深部典型煤巷基本顶受力分析模型如图 5-9 所示,分析深部典型煤巷顶板围岩拉压复合变形的变形机理,提出相应的防控技术。

二、回采期间深部典型煤巷基本顶受力分析

　　从第四章第四节分析可知,工作面回采期间,面前方煤巷上方基本顶的支承压力分布是非对称的,设其值分别为 k_1(回采侧)、k_2(实体侧),$k_1 > k_2$。由前文分析可知,深部典型煤巷

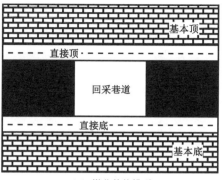

（a）煤巷整体模型

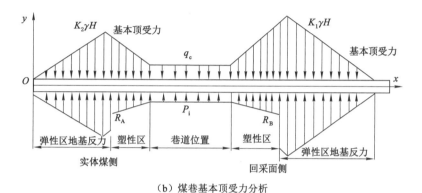

（b）煤巷基本顶受力分析

图 5-9　深部典型煤巷基本顶受力分析模型（回采期间）

煤帮塑性破坏有分区特性，在残余区，其承载能力大大降低，相对于深埋高应力而言，支护反力可以忽略，拟认为此区内巷道基本顶处于自由状态，弹性区及软化区作为承载的主体，其交界位置位于巷帮距支承压力峰值点以内，简化支承压力峰值点以外的基本顶支承压力由弹性区的巷帮反力平衡，其交界处为简支，峰值点以内的压力作用于塑性区（软化区及残余区）基本顶，设该区域的损伤因子为 D[123-125]，取微元做如下假设：

（1）微元变形破坏服从胡克定律。

（2）微元强度满足统计学的 Weibull 分布。

$$\sigma = E(1 - D)\varepsilon \tag{5-33}$$

概率密度函数如下：

$$f(x) = \frac{m}{a} x^{m-1} \mathrm{e}^{-\left(\frac{x^m}{a}\right)} \tag{5-34}$$

由文献[63]和文献[64]分析可知：

$$D = 1 - \mathrm{e}^{-\left(\frac{x^m}{a}\right)} \tag{5-35}$$

则此段围岩的支反力残余强度为：

$$\sigma_{\mathrm{s}} = E\varepsilon \mathrm{e}^{-\left(\frac{x^m}{a}\right)} = E\frac{y}{h} \mathrm{e}^{-\left(\frac{x^m}{a}\right)} \tag{5-36}$$

式中　m——形状参数；

n——刻度参数。

$$\begin{cases} \sigma_s = E\varepsilon e^{-\left(\frac{x^m}{a}\right)} = E\frac{y}{h}e^{-\left(\frac{x^m}{a}\right)}, 0 \leqslant x \leqslant b \\ \sigma_s = E\varepsilon e^{-\left(\frac{x^m}{a}\right)} = E\frac{y}{h}e^{-\left(\frac{[x-(b+2R+c)]^m}{a}\right)}, b+2R \leqslant x \leqslant b+2R+c \end{cases} \quad (5\text{-}37)$$

假定采用锚网索支护的巷道顶板支护力为 P_i、顶板卸压区的压应力为 q_c,实体煤侧基本顶的垂直应力峰值为 σ_{st}、回采面侧基本顶垂直应力峰值为 σ_{hc},两简支端支护反力为 R_A、R_B,其基本顶受力条件简化如图 5-10 所示。

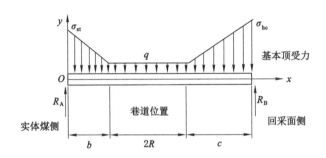

图 5-10　深部典型煤巷基本顶受力简化分析模型

$$\begin{cases} \sigma_{hc} = k_2\gamma h - E\frac{y_{hc}}{h} \\ q = q_c - P_i \\ \sigma_{st} = k_1\gamma h - E\frac{y_{st}}{h} \end{cases} \quad (5\text{-}38)$$

式中　k_1——实体煤侧应力集中系数;

　　　k_2——回采面侧应力集中系数;

　　　q_c——顶板压应力,MPa

　　　σ_{hc}——回采面侧弹塑性交界处垂直应力减去承载力的合力,MPa;

　　　σ_{st}——实体煤侧弹塑性交界处垂直应力减去承载力的合力,MPa;

　　　q——扣除支护力的顶板作用力,MPa。

设煤巷的开挖半径为 R,跨度为 $2R$,实体煤侧支承压力峰值距巷帮距离为 b、工作面侧支承压力峰值距巷帮距离为 c,巷道两侧的弹塑性交界处为简支条件,由材料力学可知,深部典型煤巷弹塑性交界处的简支反力可根据简支处合力偶为 0 及平衡条件求得,简支端的合力矩(梁的走向记为单位 1),即:

$$\begin{cases} q\frac{(b+2R+c)^2}{2} + \frac{(\sigma_{st}-q)}{2}b\left(2R+c+\frac{2}{3}b\right) + \frac{(\sigma_{hc}-q)c}{2}\frac{c}{3} - R_A(b+2R+c) = 0 \\ R_B = q(b+2R+c) + \frac{(\sigma_{st}-q)}{2}b + \frac{(\sigma_{hc}-q)}{2}c - R_A \end{cases}$$

$$(5\text{-}39)$$

求得:

$$
\begin{cases}
R_{\mathrm{A}} = \dfrac{q\dfrac{(b+2R+c)^2}{2} + \dfrac{(\sigma_{\mathrm{st}}-q)}{2}b(2R+c+\dfrac{2}{3}b) + \dfrac{(\sigma_{\mathrm{hc}}-q)c}{2}\dfrac{c}{3}}{b+2R+c} \\[4mm]
R_{\mathrm{B}} = q(b+2R+c) + \dfrac{(\sigma_{\mathrm{st}}-q)}{2}b + \dfrac{(\sigma_{\mathrm{hc}}-q)}{2}c - \\[4mm]
\qquad \dfrac{q\dfrac{(b+2R+c)^2}{2} + \dfrac{(\sigma_{\mathrm{st}}-q)}{2}b(2R+c+\dfrac{2}{3}b) + \dfrac{(\sigma_{\mathrm{hc}}-q)c}{2}\dfrac{c}{3}}{b+2R+c}
\end{cases}
$$

据此,可计算得到基本顶的弯矩分段表达式如下:

$$
\begin{cases}
M_1 = (\sigma_{\mathrm{st}} - \dfrac{\sigma_{\mathrm{st}}-q}{b}x)x\dfrac{x}{2} + \dfrac{\sigma_{\mathrm{st}}-q}{b}x\dfrac{x}{2}\dfrac{2x}{3} - R_{\mathrm{A}}x, 0 < x \leqslant b \\[3mm]
M_2 = qx\dfrac{x}{2} + (\sigma_{\mathrm{st}}-q)\dfrac{b}{2}(x-\dfrac{b}{3}) - R_{\mathrm{A}}x, b \leqslant x \leqslant b+2R \\[3mm]
M_3 = qx\dfrac{x}{2} + (\sigma_{\mathrm{st}}-q)\dfrac{b}{2}(x-\dfrac{b}{3}) + \dfrac{(\sigma_{\mathrm{hc}}-q)}{6c}(x-b-2R)^3 - R_{\mathrm{A}}x, \\[3mm]
\qquad b+2R \leqslant x \leqslant b+2R+c
\end{cases}
\tag{5-40}
$$

积分一次得转角:

$$
\begin{cases}
EI\theta_1 = \dfrac{\sigma_{\mathrm{st}}x^3}{6} - \dfrac{(\sigma_{\mathrm{st}}-q)x^4}{8b} + \dfrac{(\sigma_{\mathrm{st}}-q)x^4}{12b} - \dfrac{R_{\mathrm{A}}}{2}x^2 + B_1 \\[4mm]
EI\theta_2 = \dfrac{qx^3}{6} + \dfrac{(\sigma_{\mathrm{st}}-q)b\left(x-\dfrac{b}{3}\right)^2}{4} - \dfrac{R_{\mathrm{A}}}{2}x^2 + B_2 \\[4mm]
EI\theta_3 = \dfrac{qx^3}{6} + \dfrac{(\sigma_{\mathrm{st}}-q)b\left(x-\dfrac{b}{3}\right)^2}{4} + \dfrac{(\sigma_{\mathrm{hc}}-q)(x-b-2R)^4}{24c} - \dfrac{R_{\mathrm{A}}}{2}x^2 + B_3
\end{cases}
\tag{5-41}
$$

积分二次得挠度:

$$
\begin{cases}
EIy_1 = \dfrac{\sigma_{\mathrm{st}}x^4}{24} - \dfrac{(\sigma_{\mathrm{st}}-q)x^5}{40b} + \dfrac{(\sigma_{\mathrm{st}}-q)x^5}{60b} - \dfrac{R_{\mathrm{A}}}{6}x^3 + B_1 x + C_1 \\[4mm]
EIy_2 = \dfrac{qx^4}{24} + \dfrac{b(\sigma_{\mathrm{st}}-q)\left(x-\dfrac{b}{3}\right)^3}{12} - \dfrac{R_{\mathrm{A}}}{6}x^3 + B_2 x + C_2 \\[4mm]
EIy_3 = \dfrac{qx^4}{24} + \dfrac{b(\sigma_{\mathrm{st}}-q)\left(x-\dfrac{b}{3}\right)^3}{12} + \dfrac{(\sigma_{\mathrm{hc}}-q)(x-b-2R)^5}{120c} - \dfrac{R_{\mathrm{A}}}{6}x^3 + B_3 x + C_3
\end{cases}
\tag{5-42}
$$

作如下假设,忽略弹性区基本顶初始下沉,认为弹塑性交界处基本顶下沉量为 0。代入边界条件 $y\big|_{x=0}=0$、$y\big|_{x=b+2R+c}=0$ 及连续条件 $\theta\big|_{x=b^+}=\theta\big|_{x=b^-}$、$y_{x=(b+2R)^+}=y_{x=(b+2R)^-}$、$\theta\big|_{x=(b+2R)^+}=\theta\big|_{x=(b+2R)^-}$、$y_{x=(b+2R)^+}=y_{x=(b+2R)^-}$。求出各待定参数,结果如下:

$$
\begin{cases}
C_1 = 0 \\[2mm]
C_2 = -\dfrac{17}{3\,240}\sigma_{\mathrm{st}}b^4 + \dfrac{17}{3\,240}qb^4 \\[2mm]
C_3 = -\dfrac{17}{3\,240}\sigma_{\mathrm{st}}b^4 + \dfrac{17}{3\,240}qb^4
\end{cases}
\tag{5-43}
$$

$$
\begin{aligned}
B_1 = \frac{1}{b+2R+c}\Big(& -\frac{1}{3}qR^2b^2 - \frac{1}{24}qb^3c - \frac{4}{3}qR^3c - \frac{2}{3}qR^3b - \frac{1}{12}qb^2c^2 - \frac{1}{3}qRc^3 - \\
& \frac{1}{12}qRb^3 - \frac{1}{12}qbc^3 - qR^2c^2 + R_ARb^2 + \frac{1}{2}qR_Ab^2c + 2R_AR^2b + \frac{1}{2}R_Abc^2 + 2R_AR^2c + \\
& R_ARc^2 + \frac{1}{120}qbc^4 - \frac{1}{3}qRb^2c - qR^2bc - \frac{1}{2}qRbc^2 + 2R_ARbc + \frac{1}{6}R_Ab^3 - \frac{1}{24}qc^4 - \\
& \frac{2}{3}qR^4 - \frac{1}{120}qb^4 + \frac{4}{3}R_AR^3 + \frac{1}{6}R_Ac^3 - \frac{2}{3}Rb^2c\sigma_{st} - R^2bc\sigma_{st} - \frac{1}{2}Rbc^2\sigma_{st} - \frac{1}{30}b^4\sigma_{st} - \\
& \frac{1}{8}b^3c\sigma_{st} - \frac{1}{4}Rb^3\sigma_{st} - \frac{2}{3}R^2b^2\sigma_{st} - \frac{1}{8}b^3c\sigma_{st} - \frac{1}{4}Rb^3\sigma_{st} - \frac{2}{3}R^2b^2\sigma_{st} - \frac{1}{6}b^2c^2\sigma_{st} - \\
& \frac{2}{3}R^3b\sigma_{st} - \frac{1}{12}bc^3\sigma_{st} - \frac{1}{120}bc^4\sigma_{hc}\Big)
\end{aligned}
\tag{5-44}
$$

$$
\begin{aligned}
B_2 = \frac{1}{b+2R+c}\Big(& -\frac{1}{3}qR^2b^2 - \frac{1}{18}qb^3c - \frac{4}{3}qR^3c - \frac{2}{3}qR^3b - \frac{1}{12}qb^2c^2 - \frac{1}{3}qRc^3 - \\
& \frac{1}{9}qRb^3 - \frac{1}{12}qbc^3 - qR^2c^2 + R_ARb^2 + \frac{1}{2}R_Ab^2c + 2R_AR^2b + \frac{1}{2}R_Abc^2 + 2R_AR^2c + \\
& R_ARc^2 + \frac{1}{120}qbc^4 - \frac{1}{3}qRb^2c - qR^2bc - \frac{1}{2}qRbc^2 + 2R_ARbc + \frac{1}{6}R_Ab^3 - \frac{1}{24}qc^4 - \\
& \frac{2}{3}qR^4 - \frac{1}{45}qb^4 + \frac{4}{3}R_AR^3 + \frac{1}{6}R_Ac^3 - \frac{2}{3}Rb^2c\sigma_{st} - R^2bc\sigma_{st} - \frac{1}{2}Rbc^2\sigma_{st} - \frac{7}{360}b^4\sigma_{st} - \\
& \frac{1}{9}b^3c\sigma_{st} - \frac{2}{9}Rb^3\sigma_{st} - \frac{2}{3}R^2b^2\sigma_{st} - \frac{1}{6}b^2c^2\sigma_{st} - \frac{2}{3}R^3b\sigma_{st} - \frac{1}{12}bc^3\sigma_{st} - \frac{1}{120}bc^4\sigma_{hc}\Big)
\end{aligned}
\tag{5-45}
$$

$$
\begin{aligned}
B_3 = \frac{1}{b+2R+c}\Big(& -\frac{1}{3}qR^2b^2 - \frac{1}{18}qb^3c - \frac{4}{3}qR^3c - \frac{2}{3}qR^3b - \frac{1}{12}qb^2c^2 - \frac{1}{3}qRc^3 - \\
& \frac{1}{9}qRb^3 - \frac{1}{12}qbc^3 - qR^2c^2 + R_ARb^2 + \frac{1}{2}R_Ab^2c + 2R_AR^2b + \frac{1}{2}R_Abc^2 + \\
& 2R_AR^2c + R_ARc^2 + \frac{1}{120}qbc^4 - \frac{1}{3}qRb^2c - qR^2bc - \frac{1}{2}qRbc^2 + 2R_ARbc + \\
& \frac{1}{6}R_Ab^3 - \frac{1}{24}qc^4 - \frac{2}{3}qR^4 - \frac{1}{45}qb^4 + \frac{4}{3}R_AR^3 + \frac{1}{6}R_Ac^3 - \frac{2}{3}Rb^2c\sigma_{st} - R^2bc\sigma_{st} - \\
& \frac{1}{2}Rbc^2\sigma_{st} - \frac{7}{360}b^4\sigma_{st} - \frac{1}{9}b^3c\sigma_{st} - \frac{2}{9}Rb^3\sigma_{st} - \frac{2}{3}R^2b^2\sigma_{st} - \frac{1}{6}b^2c^2\sigma_{st} - \frac{2}{3}R^3b\sigma_{st} - \\
& \frac{1}{12}bc^3\sigma_{st} - \frac{1}{120}bc^4\sigma_{hc}\Big)
\end{aligned}
\tag{5-46}
$$

参考数值模拟结果,结合第五章第一节塑性范围计算结果及深部典型煤巷工程地质条件,选取相应参数如下:$H=900$ m,$\gamma=25$ kN/m³,$k_2=2.5$,$k_1=1.8$,$b=7$ m,$c=9$ m,$R=2.5$ m,$q_c=0.7$ MN/m,$P_i=0.3$ MN/m,$E=22$ GPa,分层厚度 $h_i=2.5$ m(满足"梁"厚度与长度比值小于 $\frac{1}{5}$ 的条件),b 取单位长度 1 m,$I=\frac{h^3}{12}=1.3$ m⁴。需要注意的是,式(5-39)中的 σ_{st}、σ_{hc} 不能简单地等于支承压力的峰值,考虑损伤区仍有较大承载能力,简化 $\sigma_{hc}=0.05\gamma H$、$0.15\gamma H$、$0.25\gamma H$,$\sigma_{st}=0.01\gamma H$、$0.10\gamma H$、$0.2\gamma H$,分析弹塑性交界处两垂直应力的合力大小对基本顶挠度的影响。

由图 5-11 可知,在非对称的回采采动支承压力作用下,随着支承压力峰值的增加(随埋深、采高、工作面长度、支护体变化及损伤后承载能力降低等综合影响），虽然两帮支承压力的相对差值未变，但坚硬基本顶的挠度增加得很快，最大值分别由 $\sigma_{hc}=0.05\gamma H$、$\sigma_{st}=0.01\gamma H$ 时的 21 mm 增加到 $\sigma_{hc}=0.15\gamma H$、$\sigma_{st}=0.11\gamma H$ 时的 324 mm；$\sigma_{hc}=0.25\gamma H$、$\sigma_{st}=0.21\gamma H$ 时的 627.6 mm。计算结果表明：基本顶压力的峰值大小及其位置不仅影响弯矩及挠度大小，还影响最大弯矩发生的位置，即拉破断的位置，固定峰值位置，增加顶板压力大小，最大值点有向工作面侧内移的趋势。

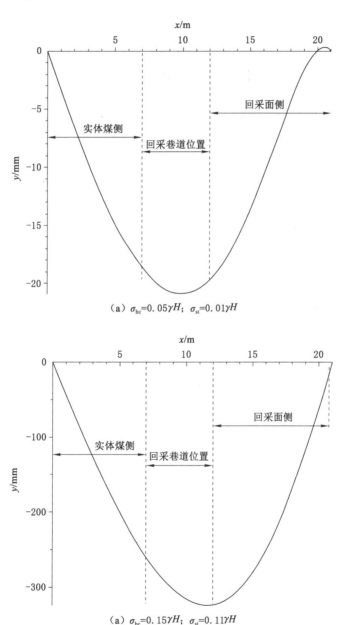

（a）$\sigma_{hc}=0.05\gamma H$；$\sigma_{st}=0.01\gamma H$

（a）$\sigma_{hc}=0.15\gamma H$；$\sigma_{st}=0.11\gamma H$

图 5-11　深部典型煤巷基本顶下沉挠度曲线

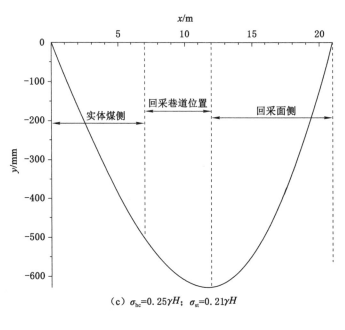

（c）$\sigma_{hc}=0.25\gamma H$；$\sigma_{st}=0.21\gamma H$

图 5-11　（续）

深部典型煤巷基本顶的抗拉强度假定为抗压强度的$\dfrac{1}{10}$，即 12 MPa。根据最大拉应力准则，当拉应力满足下式即出现基本顶拉断失稳：

$$\sigma_{\max}=\dfrac{M_{\max}\dfrac{h_i}{2}}{I_Z}>[\sigma] \tag{5-47}$$

计算得到不出现拉破坏的最大弯矩为：

$$M_{\max}\leqslant[\sigma]\dfrac{h_i^2}{6} \tag{5-48}$$

$$M_{\max}\leqslant 12.5\ \text{MN}\cdot\text{m}$$

将计算挠度的参数（$\sigma_{hc}=0.15\gamma H$；$\sigma_{st}=0.11\gamma H$）代入弯矩表达式（5-48）可计算得到煤巷上方基本顶的弯矩分段曲线图，如图 5-12 所示。

由图 5-12 可知，基本顶的最大弯矩在 $x=15.1$ m 取得，其弯矩最大值为 209 MN·m，整个基本顶岩梁除弹塑性交界处弯矩较小外，基本处于拉破坏失稳阶段，此时巷道上方基本顶不稳定。

三、回采期间加强支护后基本顶受力分析

从前文分析可知，深部典型煤巷受采动支承压力明显影响时，顶板围岩变形加剧，此时常常需在侧帮角辅以超前单体或超前自移式支架或木点柱提供支护反力 R_C、R_D，以限制帮角顶板下沉，加强支护段简化的基本顶受力模型如图 5-13 所示。

假定理想情况下 R_C、R_D 加强支护能够限定顶角下沉，基本顶"梁"的煤帮稳定性可按简支条件处理，此为超静定问题，解除此处约束，用 R_C、R_D 代替，分析如下：

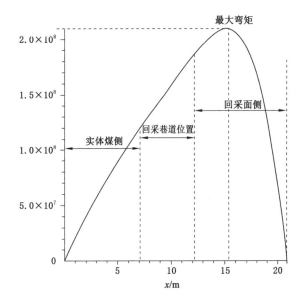

图 5-12　深部典型煤巷基本顶弯矩曲线

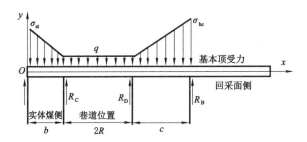

图 5-13　深部典型煤巷基本顶受力简化分析模型

$$\begin{cases} q\,\dfrac{(b+2R+c)^2}{2} + \dfrac{(\sigma_{st}-q)}{2}b\Big(2R+c+\dfrac{2}{3}b\Big) + \\[2mm] \dfrac{(\sigma_{hc}-q)c}{2}\,\dfrac{c}{3} - R_A(b+2R+c) - R_C(2R+c) - R_D c = 0 \\[2mm] R_B = q(b+2R+c) + \dfrac{(\sigma_{st}-q)}{2}b + \dfrac{(\sigma_{hc}-q)}{2}c - R_A - R_C - R_D \end{cases} \tag{5-49}$$

求得：

$$\begin{cases} R_A = \dfrac{q\,\dfrac{(b+2R+c)^2}{2} + \dfrac{(\sigma_{st}-q)}{2}b\Big(2R+c+\dfrac{2}{3}b\Big) + \dfrac{(\sigma_{hc}-q)c}{2}\,\dfrac{c}{3} - R_C(2R+c) - R_D c}{b+2R+c} \\[4mm] R_B = q(b+2R+c) + \dfrac{(\sigma_{st}-q)}{2}b + \dfrac{(\sigma_{hc}-q)}{2}c - \\[3mm] \quad \dfrac{q\,\dfrac{(b+2R+c)^2}{2} + \dfrac{(\sigma_{st}-q)}{2}b\Big(2R+c+\dfrac{2}{3}b\Big) + \dfrac{(\sigma_{hc}-q)c}{2}\,\dfrac{c}{3} - R_C(2R+c) - R_D c}{b+2R+c} - R_C - R_D \end{cases} \tag{5-50}$$

据此,可计算得到基本顶的弯矩分段表达如下:

$$
\begin{cases}
M_1 = \left(\sigma_{st} - \dfrac{\sigma_{st}-q}{b}x\right)x\dfrac{x}{2} + \dfrac{\sigma_{st}-q}{b}x\dfrac{x}{2}\dfrac{2x}{3} - R_A x, 0 < x \leqslant b \\[2mm]
M_2 = qx\dfrac{x}{2} + (\sigma_{st}-q)\dfrac{b}{2}\left(x-\dfrac{b}{3}\right) - R_A x - R_C(x-b), b \leqslant x \leqslant b+2R \\[2mm]
M_3 = qx\dfrac{x}{2} + (\sigma_{st}-q)\dfrac{b}{2}\left(x-\dfrac{b}{3}\right) + \dfrac{(\sigma_{hc}-q)}{6c}(x-b-2R)^3 - R_A x - \\[2mm]
\qquad R_C(x-b) - R_D(x-b-2R), b+2R \leqslant x \leqslant b+2R+c
\end{cases}
\tag{5-51}
$$

积分一次得转角:

$$
\begin{cases}
EI\theta_1 = \dfrac{\sigma_{st}x^3}{6} - \dfrac{(\sigma_{st}-q)x^4}{8b} + \dfrac{(\sigma_{st}-q)x^4}{12b} - \dfrac{R_A}{2}x^2 + B_1 \\[2mm]
EI\theta_2 = \dfrac{qx^3}{6} + \dfrac{(\sigma_{st}-q)b\left(x-\dfrac{b}{3}\right)^2}{4} - \dfrac{R_A}{2}x^2 - \dfrac{R_C}{2}(x-b)^2 + B_2 \\[2mm]
EI\theta_3 = \dfrac{qx^3}{6} + \dfrac{(\sigma_{st}-q)b\left(x-\dfrac{b}{3}\right)^2}{4} - \dfrac{R_A}{2}x^2 - \dfrac{R_C}{2}(x-b)^2 + \dfrac{(\sigma_{hc}-q)}{24c}(x-b-2R)^4 - \\[2mm]
\qquad \dfrac{R_D}{2}(x-b-2R)^2 + B_3
\end{cases}
\tag{5-52}
$$

积分二次得挠度:

$$
\begin{cases}
EIy_1 = \dfrac{\sigma_{st}x^4}{24} - \dfrac{(\sigma_{st}-q)x^5}{40b} + \dfrac{(\sigma_{st}-q)x^5}{60b} - \dfrac{R_A}{6}x^3 + B_1 x + C_1 \\[2mm]
EIy_2 = \dfrac{qx^4}{24} + \dfrac{b(\sigma_{st}-q)\left(x-\dfrac{b}{3}\right)^3}{12} - \dfrac{R_A}{6}x^3 - \dfrac{R_C}{6}(x-b)^3 + B_2 x + C_2 \\[2mm]
EIy_3 = \dfrac{qx^4}{24} + \dfrac{b(\sigma_{st}-q)\left(x-\dfrac{b}{3}\right)^3}{12} + \dfrac{(\sigma_{hc}-q)(x-b-2R)^5}{120c} - \dfrac{R_A}{6}x^3 - \\[2mm]
\qquad \dfrac{R_C}{6}(x-b)^3 - \dfrac{R_D}{6}(x-b-2R)^3 + B_3 x + C_3
\end{cases}
\tag{5-53}
$$

代入边界条件 $y\big|_{x=0}=0$、$y\big|_{x=b+2R+c}=0$、$y\big|_{x=b}=0$、$y\big|_{x=b+2R}=0$ 及连续条件 $\theta\big|_{x=b^+}=\theta\big|_{x=b^-}$、$y_{x=(b+2R)^+}=y_{x=(b+2R)^-}$、$\theta\big|_{x=(b+2R)^+}=\theta\big|_{x=(b+2R)^-}$、$y_{x=(b+2R)^+}=y_{x=(b+2R)^-}$。代入相关参数 $H=900$ m,$\gamma=25$ kN/m³,$k_2=2.5$,$k_1=1.8$,$b=7$ m,$c=9$ m,$R=2.5$ m,$q_c=0.7$ MN/m,$P_i=0.3$ MN/m,$E=22$ GPa,分层厚度 $h_i=2.5$ m,绘出坚硬基本顶的挠度曲线见图5-14。

该模型很好地解释了深部巷道顶板"零位移点""零应变点"的客观存在,其位移量与文献[62]中实测得到的 26 mm 深部压缩变形较吻合,能很好地解释深部坚硬顶板压缩变形的机理。若将锚索锚固端安设到该部位,根据岩石"易拉不易压"的变形特征,处于压缩段的顶板围岩稳定。因此,煤巷整体围岩稳定将得到有效控制,将为支护参数设计提供理论指导。

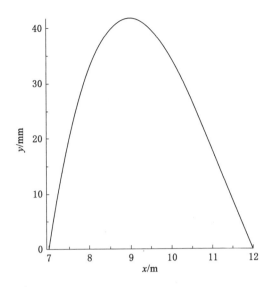

图 5-14　帮角顶板加强支护后巷道上方基本顶挠曲线

第六章 深部高水平应力煤-岩巷大变形协调控制研究

本章在总结前四章关于深部典型煤-岩巷围岩变形破坏特征研究的基础上,提出针对性防控原则,优化原有大变形破坏或难支护的煤巷设计方案,并进行现场支护效果的跟踪实拍,最终得到合理有效的深部典型煤-岩巷围岩大变形控制技术。

第一节 深部高水平应力煤巷围岩变形特征及控制原则

一、深部高水平应力煤巷围岩变形特征

1. 深部典型煤巷围岩变形特征

(1) 初掘期间围岩变形量大。深部煤巷初掘期间的围岩变形量在 200 mm 左右,相比同条件下浅埋煤巷受动压影响时变形量还要大。

(2) 长期蠕变变形量大。从初掘开始到回采结束,深部典型煤巷围岩累积变形量达 1 000 mm 左右,巷道围岩长期蠕变变形量大。

(3) 初掘时,拉、压分区,回采时,拉应变范围不断扩展。相比浅埋静水压力下的煤巷"浅部围岩径向拉应变、深部围岩径向零应变"而言,深部典型煤巷静水压力及初掘应力下围岩应变呈现"拉压分区"现象、"零应变交界圈"在直墙半圆拱形巷道中常见。

(4) 加强支护后,坚硬基本顶压缩变形。

第五章重点分析了在巷道两侧顶板未加强支护时,坚硬基本顶的拉破断变形及加强支护后,两侧坚硬基本顶的压缩变形。

2. 深部典型煤巷围岩破坏特征

(1) 初掘期间,应变软化、碎胀扩容导致的围岩塑性范围不断扩展。模型试验、数值模拟结果表明:深部典型煤巷浅部围岩处于拉应变破坏失稳状态,其破坏的先后顺序为:巷帮围岩首先破裂,压力传递至底角使得底角围岩产生破裂、最终顶板产生明显离层,巷道围岩整体失稳。

(2) 初始支护强度、初始软化模量对深部典型煤巷围岩"两区"范围影响大。相较后期支护强度及软化模量的增加,前期的支护强度提高及软化模量的降低对围岩稳定性影响更大。

(3) 水平高应力使"两区"范围明显增大。深部典型煤巷围岩地应力测试结果表明,最大主应力约沿 N90°E,应力集中系数 1.25,采用 D-P 屈服准则简化 M-C 屈服准则难以计算得到相关"两区"范围,本书通过弹塑性交界处径向应力与"两区"范围近似正比的关系,试图通过计算得到 D-P 屈服准则下的径向应力,从而确定"两区"范围,计算结果表明:水平高应

力使"两区"范围明显增大。

（4）开掘方向对深部煤巷变形破坏的影响大。第二章的地应力参数测试结果表明，最大主应力沿水平方向，依据 Gale 的最大主应力方向布置巷道原则，若垂直两帮主应力最大，围岩仅有巷道顶、底板破坏，不能解释巷帮围岩破坏，也无法说明围岩松动圈现象的发生，同时，深部煤巷开掘后至工作面回采期间，巷帮垂直应力通常高于水平应力，因此对于煤巷围岩稳定性控制而言，与最大主应力方向成一定夹角布置的煤巷有可能使巷道垂直应力与水平应力的应力差值相对减小，其更有利于煤巷围岩长期稳定。

（5）强烈采动支承压力是促使深部煤巷坚硬顶板拉破坏的主要原因之一。在高支承压力作用下，若巷道帮部承载能力降低，其作用于基本顶的压力将增加，基本顶挠度的最大值将发生质的增长，如基本顶挠度随巷道帮部顶板的垂直压力增加，增长得很快，最大值分别由 $\sigma_{hc}=0.05\gamma H$、$\sigma_{st}=0.01\gamma H$ 时的 21 mm 增加到 $\sigma_{hc}=0.15\gamma H$、$\sigma_{st}=0.11\gamma H$ 时的324 mm；$\sigma_{hc}=0.25\gamma H$、$\sigma_{st}=0.21\gamma H$ 时的 627.6 mm，若控制巷道顶板靠帮角的位移，巷道基本顶将出现反弹压缩区，但随支承压力的进一步增加，基本顶将破断难以形成"梁"结构、进而也就不再继续反弹，深部典型煤巷围岩由于塑性软化与强烈采动支承压力的双重作用，表现出大变形破坏的特征。深部典型煤巷围岩变形破坏特征如图 6-1 所示。

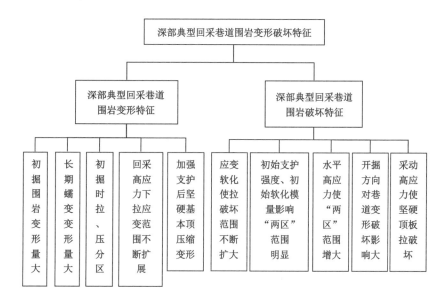

图 6-1　深部典型煤巷围岩变形破坏特征

二、煤巷开掘方向优化原则

水平应力对巷道布置的影响逐渐得到人们的认识和重视，如图 6-2 所示。拟定深部典型煤巷轴向沿 z 轴方向布置，垂直巷道帮部应力为 σ_n，平行巷道轴向应力为 σ_z，巷道顶板的垂直应力为 σ_V，巷道周围主应力场如图 90(b)所示，设 σ_z 与最小水平主应力 $\sigma_{H,min}$ 夹角为 α，与最大水平应力 $\sigma_{H,min}$ 的夹角为 β。

前文实测结果表明，淮南矿区的地应力 $\sigma_{H,max}>\sigma_V>\sigma_{H,min}$，属于 σ_{HV} 型应力场，在 σ_{HV} 型应力场中，欲使巷道围岩稳定的最佳巷道布置方向应使垂直巷道帮部的应力与顶板应力相

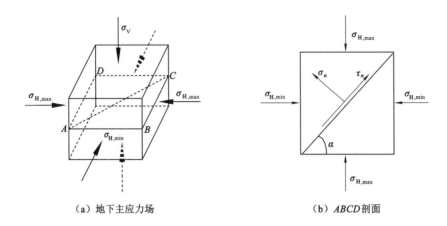

（a）地下主应力场　　　　　　　（b）ABCD 剖面

图 6-2　巷道开掘围岩应力分布

当，即满足下式[126]：

$$
\begin{cases}
\sigma_n = \dfrac{\sigma_{H,max} + \sigma_{H,min}}{2} - \dfrac{\sigma_{H,max} - \sigma_{H,min}}{2}\cos 2\alpha \\[3mm]
\tau_n = \dfrac{\sigma_{H,max} - \sigma_{H,min}}{2}\sin 2\alpha
\end{cases}
\tag{6-1}
$$

$$
\sigma_n = \sigma_V
\tag{6-2}
$$

故最小主应力与巷道轴向的最佳夹角为：

$$
\alpha = \frac{1}{2}\arccos\left(\frac{\sigma_{H,max} + \sigma_{H,min} - 2\sigma_v}{\sigma_{H,max} - \sigma_{H,min}}\right)
$$

第二章的地应力测试结果表明：淮南矿区深部地应力场以水平构造应力为主，垂直主应力 σ_V 近似为静水压力，设 $\sigma_V = \gamma H$。

表 6-1 中可查询到最大水平主应力 $\sigma_{H,max} = 1.25\gamma H$，最小水平主应力 $\sigma_{H,min} = 0.75\gamma H$ 时，$\beta = \dfrac{\pi}{2} - \alpha = \dfrac{\pi}{2} - \dfrac{1}{2}\arccos 0.25 = 45°$，此角度为巷道走向与最大水平主应力方向所夹最佳角度。依据第二章研究的淮南矿区地应力分布特征，900 m 埋深的煤巷布置走向应位于 N45°E 或 N135°E，但由于巷道走向常沿煤层走向布置，其方向不能完全统一于该方向。

表 6-1　巷道布置最佳夹角随主应力变化关系

夹角/(°)		$\sigma_{H,max}/\sigma_V$									
		1.05	1.15	1.25	1.35	1.45	1.55	1.65	1.75	1.85	1.95	2.05
$\sigma_{H,min}/\sigma_V$	0.95	45	30	24.1	20.7	18.4	16.8	15.5	14.5	13.6	12.9	12.3
	0.85	60	45	37.8	33.2	30	27.6	25.7	24.1	22.8	21.7	20.7
	0.75	65.9	52.3	45	40.2	36.7	34	31.8	30	28.5	27.2	26
	0.65	69.3	56.8	49.8	45	41.4	38.6	36.3	34.4	32.7	31.3	30
	0.55	71.6	60	53.3	48.6	45	42.2	39.8	37.8	36.1	34.6	33
	0.45	73.3	62.5	56	51.4	47.8	45	42.6	40.6	38.8	37.3	35.9
	0.35	74.5	64.3	58.2	53.8	50.3	47.4	45	42.9	41.2	39.6	38.2

表 6-1（续）

夹角/(°)		$\sigma_{H,max}/\sigma_V$										
		1.05	1.15	1.25	1.35	1.45	1.55	1.65	1.75	1.85	1.95	2.05
$\sigma_{H,min}/\sigma_V$	0.25	75.6	65.9	60	55.7	52.3	49.5	47.1	45	43.2	41.6	40.2
	0.15	76.4	67.2	61.6	57.3	53.9	51.2	48.9	46.8	45	43.4	42
	0.05	77.1	68.4	62.8	58.8	55.5	52.8	50.4	48.4	46.6	45	43.6

三、强帮护两侧顶控制原则

模型试验方案 4 的断裂丝监测结果表明：在垂直压力按梯度加载的过程中，巷帮首先发生破裂，进而传递到底角，最终巷道顶板产生明显离层；数值模拟结果表明：随着深度增加，煤巷两帮移近量增加的速率较顶底移近量增加速率快，在 900 m 埋深时，各移近量相当；代入深部典型煤巷（13-1 煤）参数到考虑塑性软化、碎胀扩容的 M-C 屈服准则及 D-P 屈服准则得到的塑性区范围、软化区范围表达式得到巷道煤帮软化区、残余区的范围分别为 2.6 m、3.2 m 及 3.1 m、3.8 m，残余区范围超过一般帮锚杆支护长度（小于或等于 2.5 m）。综上所述，对于深部典型煤巷而言，加强巷道帮部支护能抑制塑性区扩展、提高其承载能力，从而控制巷道整体围岩变形。

根据关键层理论，加强基本顶围岩的稳定性控制是深部典型煤巷整体围岩稳定控制的关键，模型试验结果表明：随加载压力的变化，巷道顶角围岩先后出现了小应变、拉压分区、再到超载破坏前的拉应变，采用"梁"的模型理论计算结果表明：巷帮侧帮顶板的及时支护，减少基本顶挠曲位移能有效地减少顶板下沉，使之形成反弹压缩区，若能将锚索支护体的锚固端安设于压缩区，则巷道整体围岩的稳定性得到有效控制。综上所述，"强帮护两侧顶原则"能有效控制深部典型煤巷围岩稳定。

四、支护断面优化控制原则

1. 大断面预留大变形控制原则

预留大变形是德国深部开采巷道围岩变形有效控制的经验，按已采的深部煤巷围岩矿压显现特征分析可知，收缩率高达 58.1％的 1141(3) 工作面回风巷在工作面回采期间难以满足通风安全需求，需经常刷扩，维护工程量大。模型试验的方案 4、方案 5 解剖分析也表明：虽然小断面变形量较大断面小，但小断面的收缩率比大断面大，小断面约为 31.1％，大断面的收缩率约为 22.9％。在开掘尺寸及支护强度一定条件下，大断面预留大变形是深部典型煤巷围岩稳定性控制的有效途径之一。

2. 断面形状优化控制原则

模型试验的结果表明，直墙拱形巷道围岩整体稳定性较矩形巷道好，相同的垂直压力下，直墙拱形顶角更易形成拉压分区现象。其原因是：直墙拱形巷道顶板围岩的受力相对均匀，其应力集中程度降低，巷道塑性破坏的范围将减小，试验对于巷道底鼓的研究结果也表明直墙拱形优于矩形，因此，对于易底鼓、顶板完整性差的煤巷选择直墙拱形断面，较矩形断面稳定。

为适应超前自移式支架有效支护煤巷顶板，综合地质条件选择直墙平顶拱形巷道，不仅提高了掘进效率,也适应了煤巷超前加强支护的支架密实支护要求。

五、分区控顶分级加强支护原则

为了控制深部典型煤巷回采期间稳定,提出"分区控顶分级加强"支护原则,"分区控顶"即加强对巷道帮角顶板的下沉控制,使坚硬基本顶呈现反弹压缩区或减少拉伸破坏范围及趋势。"分级加强"是基于超前支承压力分区特征即支承压力剧烈影响区和支承压力影响区,根据支承压力影响程度不同,提出回采期间采用分段超前支护措施,如超前自移式支架、超前单体、木点柱等不同等级的加强支护方案。

第二节　深部高水平应力煤巷支护方案优化分析

一、丁集煤矿 1282(3)工作面煤巷支护方案优化

1282(3)工作面是丁集煤矿西一采区 13-1 煤首采面,工作面平均采深 810 m,煤层平均厚度为 4 m,煤层倾角平均为 3°,属于深部近水平厚煤层开采。相对于 1141(3)工作面而言,两首采面同采 13-1 煤,顶、底板岩性相差不大,但 1282(3)工作面埋深更大、采高更大,其煤巷围岩稳定性控制将更为困难。鉴于 1141(3)工作面巷道断面收缩严重,若不刷扩很难满足通风需求的大变形破坏特征,根据支护断面优化的大断面预留大变形控制原则及强帮护侧顶控制原则,设计方案见图 3-2,巷道开掘断面 5 m×3.5 m,并提出了自移式支架及时超前支护,减少巷道围岩在超前采动影响段的剧烈变形,相比 1141(3)工作面煤巷,优化设计后的 1282(3)工作面煤巷取得了良好的支护效果,如图 6-3 所示。

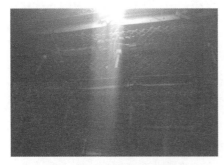 

（a）大断面长锚索顶板支护效果　　　　　　（b）超前自移式支架支护效果

图 6-3　丁集煤矿 1282(3)工作面运输巷支护效果图

二、刘庄煤矿 171303 工作面煤巷支护方案优化

根据支护断面优化控制原则,为适应超前自移式支架顶板管理的需要,将 171303 工作面轨道斜巷和运输斜巷由初始采用的直墙半圆拱形断面优化为直墙半圆平顶拱形断面。轨道斜巷初始设计尺寸为:净宽 5 m,净高 4.5 m,掘宽 5.2 m,掘高 4.6 m;运输斜巷设计尺寸:净宽为 5.2 m,净高为 4.0 m,掘宽为 5.4 m,掘高为 4.2 m。优化后设计尺寸:两巷净宽

为 5.2 m,净高为 4.2 m。变更支护方案设计如图 6-4 所示,变更设计后取得了良好的支护效果,如图 6-5 所示。

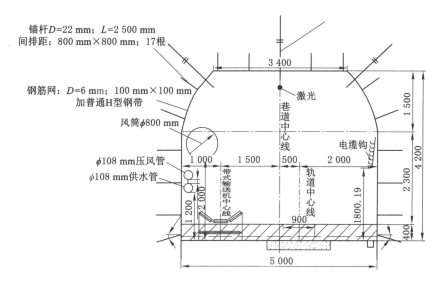

图 6-4　刘庄煤矿 171303 工作面运输巷支护设计

图 6-5　刘庄煤矿 171303 工作面运输巷支护效果

三、口孜东矿 111304 工作面煤巷支护方案优化

　　111304 工作面是 111303 工作面的对翼回采面,其顶、底板条件和 111303 工作面基本一致。从前文分析可知,111303 工作面煤巷的大变形难支护一度制作工作面安全高效生产,在吸取 111303 工作面机风巷支护失效的基础上,根据强帮护顶、支护断面优化等控制原则,增加帮部两根长度为 6.3 m 的锚索,顶板锚索的长度改为 7.3 m,采用直墙拱形巷道,中间紧跟掘进迎头架设木点柱一排,直径 200 mm,不仅可以减垮,也可兼作信号柱,待支护体产生大变形破坏时,及时加强支护如图 6-6、图 6-7 所示。

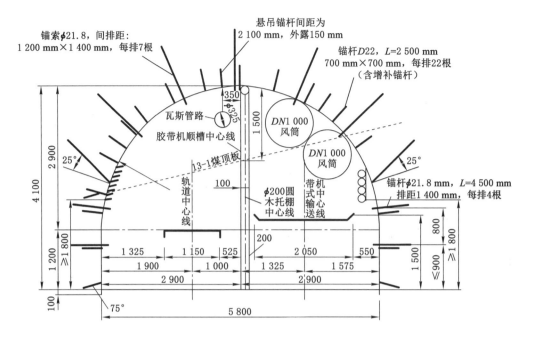

图 6-6　口孜东矿 111304 工作面运输巷支护设计

图 6-7　口孜东矿 111304 工作面机巷支护效果图

第三节　深部高水平应力煤巷支护优化后矿压实测研究

一、丁集煤矿 1282(3)工作面运输巷矿压显现规律实测

工作面回采期间于 1282(3) 运输巷布置表面位移基桩 2 个,分别记为 A 测站和 B 测站。观测得到 2 个测站受采动影响的变形曲线如图 6-8 所示。

从上图可知,支护优化后的 1282(3)运输机巷两测站的围岩移近量小于 600 mm,相比埋深较浅的 1141(3)工作面风巷大变形而言,采用"大断面预留大变形""超前自移式支架"优化后的煤巷围岩整体稳定,满足安全高效生产需求。

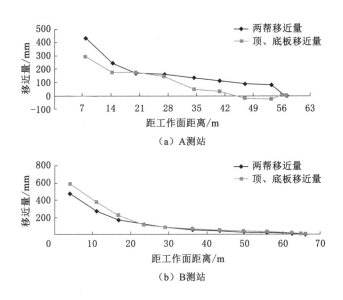

图 6-8　1282(3)机巷受采动影响表面位移移近量变化曲线

由图 6-8 可以看出,机巷巷道表面位移变化过程可分为 3 个阶段:

无采动影响阶段:在工作面前方 55.9 m 以外,该段内巷道受回采影响很小,围岩移动速度较小,巷道维护状况良好。

采动影响阶段:随工作面的推进,在 23.5～55.9 m 范围内,由于巷道受工作面超前支承压力作用,巷道变形速度逐渐增加。

采动影响剧烈阶段:随工作面的推进,由于受回采动压的强烈影响,在距工作面煤壁前方 23.5 m 以内,巷道围岩变形剧烈,巷道变形速度明显增大。

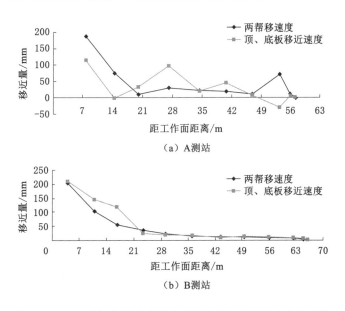

图 6-9　1282(3)机巷受采动影响表面位移移近沉速度变化曲线

二、刘庄煤矿 171303 工作面运输巷矿压显现规律实测

刘庄煤矿 171303 工作面回采期间,煤巷位移测站布置图如图 6-10 所示;对工作面两巷内表面位移测站位移量观测数据并进行整理,结果见表 6-2。

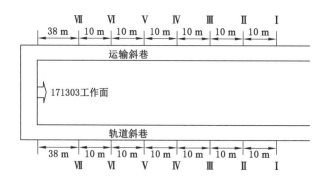

图 6-10　位移测站布置图

表 6-2　171303 运输巷受采动影响表面位移变化情况

第 I 测站					
巷道受采动影响阶段	到工作面的距离/m	顶、底板最大移近速度/(mm·d⁻¹)	顶、底板移近量/mm	两帮移近最大速度/(mm·d⁻¹)	两帮移近量/mm
无采动影响阶段	≥50	6	90	3.5	12
采动影响阶段	29~50	14	157	4	36
采动影响剧烈阶段	≤29 m	22	225	20	81
第 II 测站					
巷道受采动影响阶段	≥55 m	1.95	18.3	1.4	9.2
无采动影响阶段	26~55 m	5.2	71.3	4.8	47
采动影响剧烈阶段	≤26 m	10.7	91.1	8.9	63
第 III 测站					
巷道受采动影响阶段	≥56 m	1.0	3.6	0.6	2.2
无采动影响阶段	23~56 m	6.4	50.4	3.7	25.7
采动影响剧烈阶段	≤23 m	18.6	116	13.3	65.5
第 IV 测站					
巷道受采动影响阶段	≥52 m	2.5	17.5	1.6	14.3
无采动影响阶段	25~52 m	4.6	51.6	2.55	35.5
采动影响剧烈阶段	≤25 m	12.1	94.6	10.6	70
第 V 测站					
巷道受采动影响阶段	≥51 m	3.0	26	1.7	7.4
无采动影响阶段	26~51 m	4.8	72.8	3.7	37.5
采动影响剧烈阶段	≤26 m	13.9	109.4	14.2	72.6

表 6-2(续)

巷道受采动影响阶段	到工作面的距离/m	顶、底板最大移近速度/(mm·d⁻¹)	顶、底板移近量/mm	两帮移最大近速度/(mm·d⁻¹)	两帮移近量/mm
第Ⅵ测站					
巷道受采动影响阶段	≥51 m	2.1	51	32.7	27.4
无采动影响阶段	26~51 m	12.1	201	4.8	152
采动影响剧烈阶段	≤23 m	14.5	250.1	18.6	249
第Ⅶ测站					
巷道受采动影响阶段	≥51 m	3.1	41	2.7	17.4
无采动影响阶段	25~51 m	12.1	152.8	4.8	77.5
采动影响剧烈阶段	≤23 m	14.5	249.3	10.2	100.1

171303 工作面运输巷开始受到超前支承压力影响的范围约为 51 m,超前加强支护范围约为 23 m。顶、底板移近量最高达到 250.1 mm,顶、底板最大移近速度不超过 22 mm/d;两帮移近量最高达到 249 mm,两帮最大移近速度不超过 20 mm/d。

第四节　深部高水平应力岩巷围岩变形特征及控制原则

一、深部高水平应力岩巷围岩变形特征

由于深部高水平应力巷道围岩本身所具有的巨大变形能,单纯采取高强度的支护形式不可能阻止其围岩的变形,从而也就不能达到成功进行巷道支护的目的。与浅部工程及硬岩不同,深部进入塑性后,本身仍具有较强的承载能力,因此,对于深部高水平应力巷道来讲,应在不破坏围岩本身承载强度的基础上,充分释放其围岩变形能,实现强度再实施支护。

深部高水平应力巷道的破坏主要是变形不协调而引起的,因此,支护体的刚度应与围岩的刚度一体。一方面,支护体要具有充分的柔度,允许巷道围岩具有足够的变形空间,避免围岩由于变形而引起的能量积聚;另一方面,支护体又要具有足够的刚度,将围岩控制在其允许变形范围之内,避免因过度变形而破坏围岩本身的承载强度。这样才能在围岩与支护体共同作用过程中,实现支护一体化、荷载均匀化。

对于围岩结构面产生的不连续变形,通过支护体对该部位进行加强支护,限制其不连续变形,防止因个别部位的破坏引起整个支护体的失稳,达到成功支护的目的。

二、深部高水平应力岩巷围岩控制原则

针对深部开采岩体的非线性力学特性,必须采用以"大稳定、中稳定、小稳定"控制为核心的深部巷道围岩稳定性控制原则,即必须解决好"三个方面、三个关系"。"三个方面"主要是指:大稳定、中稳定、小稳定。大稳定是指矿井开采范围内大的构造及区域应力场分布状况;中稳定是指采区范围内采动应力场的三维应力分布状态;小稳定是指巷道工程岩体结构及工程特性。"三个关系"是指大稳定与小稳定之间的关系,中稳定与小稳定之间的关系以及小稳定与支护体之间的关系。

1. 大稳定与小稳定之间的关系

对于工程地质条件复杂,构造及应力场作用显著的深部巷道工程,在弄清地质构造应力场分布状况后,解决大稳定与小稳定之间的关系时应注意以下几点:

(1)对于井田范围较大的向斜和背斜,应先确定向斜轴和背斜轴,对于有多个向(背)斜轴的,应以最晚形成的为准。由于构造压应力方向垂直于该轴,因此,尽量避免将巷道垂直布置于较大应力方向,改为垂直最小构造应力方向,即将主要巷道布置成平行主地应力(拉伸向),以使巷道维护状态良好,避免巷道因地应力影响,产生失稳、破坏。

(2)主要硐室群及巷道应尽量避开地质构造附近,避开构造应力及地质构造残余应力对巷道支护的影响。对于实在不能避开断层构造影响的巷道,应判断其是压性或张性断层,从而考虑围岩与支护之间应力传递的缓解及均化,以保证支护的完整与稳定。

2. 中稳定与小稳定之间的关系

在解决好大稳定与小稳定之间的关系后,在进行巷道空间布置时,相互之间应保持足够的距离,减小因工程施工产生工程应力的叠加效应,避免对已施工巷道的稳定性造成破坏。而对于受采动影响的沿空顺槽巷道,应合理地确定煤柱宽度,将上区段工作面产生的采动影响降到最小。对于密集的巷道群,在空间布置上应力要求减少相互的扰动影响,以使巷道处于最佳维护状态。主要包括以下几个方面:

(1)上下关系,即上部采空区对新开巷道的影响。对于多煤层开采的情况,由于上部煤层的开采,造成上覆岩层自重应力的重新分布,并在采空区两侧形成应力集中。在布置下部煤层工作面巷道时,应注重研究上部煤层开采的三维应力分布状况,避免将巷道布置在上部煤层开采应力高峰之下。

(2)左右关系,即相邻工作面之间的关系。由于上区段工作面,将在采空区两侧形成应力双峰分布,根据其巷道布置位置,应在应力低值区采用小煤柱沿空掘进巷道,从而使巷道尽可能减小受到上区段工作面形成的采动应力场的影响。

(3)前后关系,即巷道受掘进与采动应力场影响的前后稳定性关系。巷道的稳定是一个整体稳定问题。对于一条巷道来讲,无论是翻修、新开掘进还是期间,巷道前后之间的稳定,都是相互关联的。因此,对于已经产生变形破坏的部分,必须及时进行稳定性加固处理,否则其破坏范围将会越来越大,从而波及整条巷道的安全使用。

3. 小稳定与支护体之间的关系

小稳定与支护体之间的关系主要是指支护体与围岩之间的以及各种支护之间的。由于深部巷道围岩的失稳主要是由于支护体与围岩不耦合而造成的,必须针对深部巷道围岩的力学特性及其受力状态,选择合适的支护形式,在最佳支护时间进行初次及二次支护,从而保证支护体与围岩在强度上、刚度上、结构上的,实现支护体与围岩的一体化,确保巷道在掘进扰动及期间超前采动压力影响下的稳定。

第五节 深部高水平应力岩巷支护方案优化及矿压实测研究

国内外诸多专家学者研究提出了锚网索耦合、锚注、锚喷、强力支护等主动支护技术,为巷道围岩控制提供了指导作用。而深部巷道围岩破碎时,传统锚杆(索)等支护体失效严重,巷道围岩稳定性难以保证,且受地质条件及围岩差异影响,选择合理经济的支护方案以控制巷道围岩变形破坏,也是深部巷道面临的难点。为此,针对深部高应力巷道围岩的变形破坏特征,分析巷道强力-分次支护的力学机制,提出与深部巷道围岩变形相适应的强力-分次协调支护技术,以有效提高巷道围岩的稳定性,可为深部高应力巷道支护提供借鉴和参考。

一、恒源煤矿高水平应力巷道协调控制技术方案优化

恒源煤矿回风辅助石门埋深约 940 m,垂直应力主应力达 23.5 MPa,受区域构造影响,最大水平主应力在 27.9～29.1 MPa,约为垂直应力的 1.18～1.24 倍;最大水平主应力的释放及切向应力的压剪作用将导致围岩产生严重变形破坏,故深部高应力作用为巷道围岩变形破坏的直接诱因。

巷道围岩初始变形阶段应控制围岩离层及裂隙扩展等不连续变形,以有效控制浅部围岩完整性;向巷道深部应允许岩体产生峰值强度前的塑性及弹性连续变形,支护体的让压变形可使深部围岩释放一定高应力,形成"先刚后柔再刚、先抗后让再抗"的支护理念。支护阻力与巷道围岩变形关系曲线,如图 6-11 所示。为充分利用回风辅助石门顶板围岩的承载能力,恒源煤矿回风辅助石门段采用直墙半圆拱断面,净宽 $B=5\ 000$ mm,净高 $H=4\ 600$ mm,结合深井巷道的强力-分次支护力学机制,采取一次锚网喷强力支护,待围岩让压变形一定程度至二次最优支护时机。

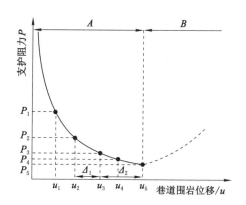

A—弹塑性阶段;B—松动破裂阶段。

图 6-11　支护阻力与巷道围岩变形关系曲线

为控制巷道围岩的不连续变形,实现"先刚"支护,一次支护采用高强预紧力锚网喷支护,使围岩与支护体共同形成承载结构,回风辅助石门支护断面如图 6-12 所示。

锚杆间排距 700 mm×700 mm,锚杆选用左旋无纵筋等强螺纹钢锚杆,锚杆直径 22 mm、长度 2 500 mm;锚杆螺母采用防松螺母并配合减磨垫圈,托盘采用碟形托盘,规格为 200 mm×200 mm×10 mm,锚索选用 ϕ21.8 mm 的钢绞线、长度不小于 7 300 mm,锚索间排距 1 750 mm×2 100 mm,"三三"居巷中对称布置现场,并重新喷浆,应用后围岩控制效果良好。

图 6-13 为未维护前的巷道破坏图片,表现为墙体开裂,巷道底鼓。

图 6-14 为维护后的巷道图片,巷道断面完整,无明显变形。

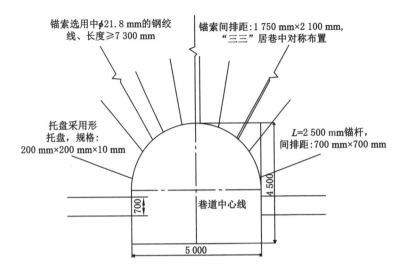

图 6-12　回风辅助石门支护断面

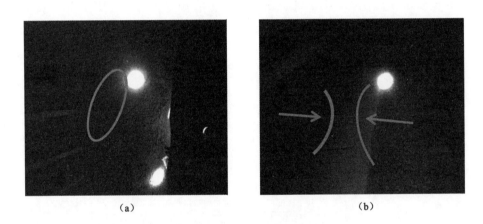

（a）　　　　　　　　　　　　　　（b）

图 6-13　恒源煤矿深部岩巷维护前图片

（a）　　　　　　　　　　　　　　（b）

图 6-14　恒源煤矿深部岩巷维护后图片

二、朱集西煤矿高水平应力巷道协调控制技术方案优化

现场调研后发现东翼 11 煤胶带运输大巷变坡点处至西翼 11 煤胶带运输大巷机头硐室U 形棚受压变形挤压巷道内带式输送机,制约安全生产,现场调研巷道变形如图 6-15 所示。因为地应力、围岩力学参数测试是在西翼(结合当时施工条件和采掘接替情况,调整后 11 煤东翼,断层少,应力场方向改变不大,综合柱状图相类似,顶底板岩性改变不大),对东翼 11煤胶带运输大巷变坡点处至西翼 11 煤胶带运输大巷机头硐室进行协调控制。

(a)　　　　　　　　　　　　　　　(b)

(c)　　　　　　　　　　　　　　　(d)·

图 6-15　现场调研 11 煤矸石大巷变形现状

永久支护均采用锚网喷索支护:

(1)锚杆:采用 $\phi22$ mm、$L＝2$ 800 mm 的左旋无纵肋高强螺纹钢锚杆,间排距为 800 mm×800 mm;锚杆托盘规格:长×宽×厚＝150 mm×150 mm×12 mm 碟形钢板。

(2)网片:采用 $\phi6$ mm 圆钢编织平网。网片大小根据实际需要剪裁;网片之间必须搭接牢固,搭接长度 100～200 mm,采用 12# 铁丝双股双排扣绑扎,绑扎间距 200 mm,严禁采用退锚方式进行网片压接。

(3)喷浆:混凝土初喷厚度为 30～50 mm,复喷厚度为 20～40 mm。

(4)钢带采用 $L＝2$ 000 mm、宽度为 180 mm 的 3 眼 M5 钢带,配合锚索顺巷道走向布置。

(5)锚索:使用 SKP22-1/1860,1×19 股高强锚索,规格为 $\phi22$ mm、为 $L＝6$ 300 mm,外露长度 150～250 mm;锚索间排距:1 600 mm±100 mm;锚索张紧力不低于 180 kN;每根锚索使用 3 卷 Z2850 型锚固剂。东翼 11 煤胶带运输大巷全断面 5 根锚索;东、西翼 11 煤胶

带运输大巷机头硐室全断面 7 根锚索。具体支护断面如图 6-16 和图 6-17 所示。

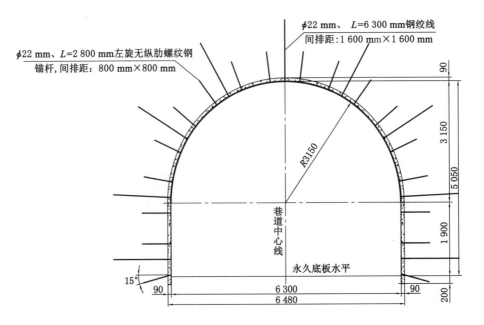

图 6-16　东、西翼 11 煤胶带运输大巷机头硐室

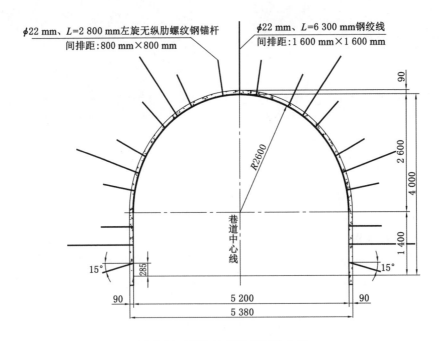

图 6-17　东翼 11 煤胶带运输大巷

二次支护锚杆、锚索在原一次支护锚杆横、纵向中间全断面交替布置,相邻锚杆、锚索间排:800 mm×800 mm。锚杆、锚索、网片及复喷等技术要求与一次支护相同。二次支护展开如图 6-18 所示。

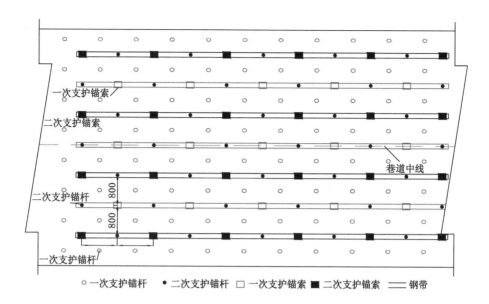

图 6-18　二次支护展开示意图

　　对东、西翼 11 煤胶带大巷机头硐室和东翼 11 煤胶带运输大巷进行注浆,注浆管:直径为 20 mm,由 $L=1\,000$ mm、2 000 mm 中空注浆花管组合而成,杆体两端开丝,杆体间采用连接套连接;注浆材料采用单液水泥浆,水泥选用 P.O42.5 普通硅酸盐水泥,水灰比为 1:1~1.2:1。注浆管外露 80~150 mm,每根注浆管采用 1 卷 Z2850 型树脂锚固剂锚固。注浆桶规格:$\phi600$ mm、高 850 mm,经计算,注浆桶内加水量为 500 mm 深时,需加水泥 2.3~2.8 袋,现场可按 2.5~3 袋执行,如图 6-19 和图 6-20 所示。

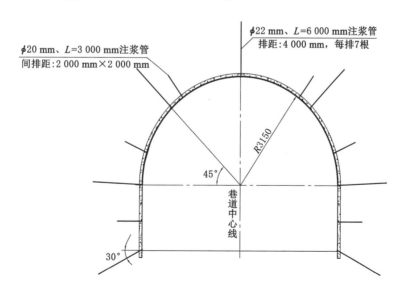

图 6-19　东、西翼 11 煤胶带运输大巷机头硐室

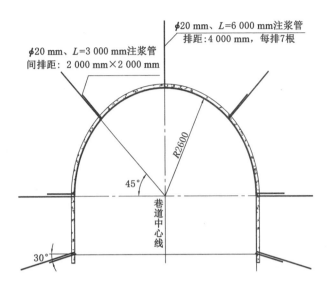

图 6-20 东翼 11 煤胶带运输大巷

采取协调控制技术后,修复的巷道过程如图 6-21 所示。采用协调控制技术后,东翼 11 煤胶带运输大巷支护效果显著,如图 6-22 所示。

（a）   （b）

图 6-21 东翼 11 煤胶带运输大巷修复过程

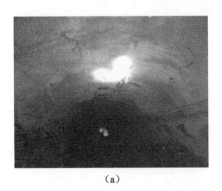 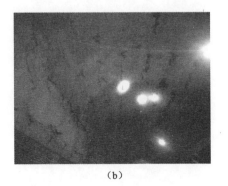

（a）   （b）

图 6-22 东翼 11 煤胶带运输大巷支护效果

图 6-22　（续）

参 考 文 献

[1] 谢和平,周宏伟,薛东杰,等.煤炭深部开采与极限开采深度的研究与思考[J].煤炭学报,2012,37(4):535-542.

[2] 谢和平,彭苏萍,何满潮.深部开采基础理论与工程实践[M].北京:科学出版社,2006.

[3] 李德忠,夏新川,韩家根,等.深部矿井开采技术[M].徐州:中国矿业大学出版社,2005.

[4] 邹喜正.关于煤矿巷道矿压显现的极限深度[J].矿山压力与顶板管理,1993,10(2):9-14.

[5] 钱七虎.深部岩体工程响应的特征科学现象及"深部"的界定[J].东华理工学院学报,2004,27(1):1-5.

[6] 勾攀峰,汪成兵,韦四江.基于突变理论的深井巷道临界深度[J].岩石力学与工程学报,2004,23(24):4137-4141.

[7] 何满潮.深部的概念体系及工程评价指标[J].岩石力学与工程学报,2005,24(16):2854-2858.

[8] 谢和平.深部高应力下的资源开采:现状、基础科学问题与展望[C]//香山科学会议.科学前沿与未来(第六集).北京:中国环境科学出版社,2002.

[9] 史元伟,张声涛,尹世魁,等.国内外煤矿深部开采岩层控制技术[M].北京:煤炭工业出版社,2009.

[10] 何满潮,钱七虎.深部岩体力学基础[M].北京:科学出版社,2010.

[11] 付国彬,姜志方.深井巷道矿山压力控制[M].徐州:中国矿业大学出版社,1996.

[12] 何满潮.工程岩石力学的现状及其展望[C]//中国岩石力学与工程学会.第八次全国岩石力学与工程学术大会论文集.北京:科学出版社,2004.

[13] 晏玉书.我国煤矿软岩巷道围岩控制技术现状及发展趋势[C]//煤炭工业部科技教育司、中国煤矿软岩巷道支护理论与实践.徐州:中国矿业大学出版社,1996:1-17.

[14] 中国煤炭工业协会.煤矿千米深井开采技术现状[C]//中国煤炭工业协会.全国煤矿千米深井开采技术.徐州:中国矿业大学出版社,2013.

[15] 煤炭信息周刊.全国煤矿千米深井开采技术座谈会召开[J].煤矿开采,2013,4:103.

[16] 袁亮.深井巷道围岩控制理论及淮南矿区工程实践[M].北京:煤炭工业出版社,2006.

[17] 袁亮.淮南矿区煤巷稳定性分类及工程对策[J].岩石力学与工程学报,2004,23(增刊2):4790-4794.

[18] 张农,王成,高明仕,等.淮南矿区深部煤巷支护难度分级及控制对策[J].岩石力学与工程学报,2009,28(12):2421-2428.

[19] 袁亮,薛俊华,刘泉声,等.煤矿深部岩巷围岩控制理论与支护技术[J].煤炭学报,2011,36(4):535-543.

[20] 霍亮.深埋巷道围岩变形特征与控制措施研究[D].淮南:安徽理工大学,2012.

[21] 刘钦甫,刘衡秋,彭苏萍,等.淮南煤田 13-1 煤层顶板地质特征与稳定性研究[J].煤炭学报,2004,29(3):318-322.

[22] 田梅青,黄兴.千米深井软岩巷道挤压变形力学特性及控制研究[J].煤炭工程,2012,44(11):72-74.

[23] 康红普,姜铁明,高富强.预应力在锚杆支护中的作用[J].煤炭学报,2007,32(7):680-685.

[24] 康红普,王金华,林健.煤矿巷道锚杆支护应用实例分析[J].岩石力学与工程学报,2010,29(4):649-664.

[25] 华心祝,陈登红.淮南矿区深部回采巷道矿压显现特征及支护技术[C]//中国煤炭工业协会.全国煤矿千米深井开采技术.徐州:中国矿业大学出版社,2013.

[26] 李大伟.深井与软岩巷道二次支护原理及控制技术[M].北京:煤炭工业出版社,2008.

[27] 于学馥,郑颖人,刘怀恒.地下工程围岩稳定分析[M].北京:煤炭工业出版社,1983.

[28] DRUCKER D C,PRAGER W. Soil mechanics and plastic analysisor limit design[J]. Quarterly of Applied Mathematics,1952,10(2):157-165.

[29] Jaeger J C,Cook N G W. Foundamentals of rock mechanics[M]. London:Chapman and Hall,1978.

[30] 高红,郑颖人,冯夏庭.岩土材料能量屈服准则研究[J].岩石力学与工程学报,2007,26(12):2437-2443.

[31] 郑颖人,沈珠江,龚晓南.岩土塑性力学原理:广义塑性力学[M].北京:中国建筑工业出版社,2002.

[32] CARRANZA-TORRES C,FAIRHURST C. The elasto-plastic response of underground excavations in rock masses that satisfy the Hoek-Brown failure criterion[J]. International Journal of Rock Mechanics and Mining Sciences,1999,36(6):777-809.

[33] OBERT L,DUVALL W I. Rock mechanics and the design of structure in rock[M]. New York:John Wiley & Sons,1967.

[34] AEGER J C,COOK N G W. Fundamentals of rock mechanics[M]. London:Chapman and Hall,1978.

[35] 徐干成,白洪才,郑颖人,等.地下工程支护结构[M].北京:中国水利水电出版社,2002.

[36] 蔡美峰.岩石力学与工程[M].北京:科学出版社,2002.

[37] 余伟健,王卫军,张农,等.深井煤巷厚层复合顶板整体变形机制及控制[J].中国矿业大学学报,2012,(05):725-732.

[38] 刘毅.德国煤矿沿空留巷技术简介[J].山西焦煤科技,2006,30(10):44-46.

[39] MARTIN J J,ET AL. Gebirgsbeherrschung von Floezstrecken[M]. Deutsland:Verlag Glueckauf,2006.

[40] PRUSEK S. Verformungen einer einseitig und zweiseitig genotzten Abbaubegleitstrecke im Bruchbau[M]. Deutsland:Verlag Glueckauf,2004.

[41] 卢喜山,雷养锋,姚理忠.全锚支护技术在德国煤矿的应用[J].煤,2000,9(6):54-56.

[42] 希罗科夫(Широков,А.П.),等.锚杆支护手册[M].王秀容,等译.北京:煤炭工业出版社,1992.

[43] 孙钧,张德兴,张玉生.深层隧洞围岩的粘弹:粘塑性有限元分析[J].同济大学学报,1981,9(1):15-22.

[44] 陈宗基.膨胀岩与隧硐稳定[J].岩石力学与工程学报,1983(1):1-10.

[45] 王仁,梁北援,孙荀英.巷道大变形的粘性流体有限元分析[J].力学学报,1985,17(2):97-105.

[46] 朱维申,王平.节理岩体的等效连续模型与工程应用[J].岩土工程学报,1992,14(2):1-11.

[47] 贺永年,韩立军,邵鹏,等.深部巷道稳定的若干岩石力学问题[J].中国矿业大学学报,2006,35(3):288-295.

[48] 蒋斌松,张强,贺永年,等.深部圆形巷道破裂围岩的弹塑性分析[J].岩石力学与工程学报,2007,26(5):982-986.

[49] 孙金山,卢文波.非轴对称荷载下圆形隧洞围岩弹塑性分析解析解[J].岩土力学,2007,28(增刊1):327-332.

[50] 潘阳,赵光明,孟祥瑞.非均匀应力场下巷道围岩弹塑性分析[J].煤炭学报,2011,36(增刊1):53-57.

[51] 张小波,赵光明,孟祥瑞.考虑峰后应变软化与扩容的圆形巷道围岩弹塑性D-P准则解[J].采矿与安全工程学报,2013,30(6):903-910.

[52] 李铀,袁亮,刘冠学,等.深部开采圆形巷道围岩破损区与支护压力的确定[J].岩土力学,2014,35(1):226-231.

[53] 卢兴利.深部巷道破裂岩体块系介质模型及工程应用研究[D].北京:中国科学院研究生院(武汉岩土力学研究所),2010.

[54] 卢兴利,刘泉声,苏培芳.考虑扩容碎胀特性的岩石本构模型研究与验证[J].岩石力学与工程学报,2013,32(9):1886-1893.

[55] 董方庭,宋宏伟,郭志宏,等.巷道围岩松动圈支护理论[J].煤炭学报,1994,19(1):21-32.

[56] 靖洪文,付国彬,董方庭.深井巷道围岩松动圈预分类研究[J].中国矿业大学学报,1996,25(2):45-49.

[57] 于学馥.轴变论[M].北京:冶金工业出版社,1960.

[58] 樊克恭.巷道围岩弱结构损伤破坏效应与非均称控制机理研究[D].青岛:山东科技大学,2003.

[59] 樊克恭,蒋金泉.弱结构巷道围岩变形破坏与非均称控制机理[J].中国矿业大学学报,2007,36(1):54-59.

[60] 郜进海.薄层状巨厚复合顶板回采巷道锚杆锚索支护理论及应用研究[D].太原:太原理工大学,2005.

[61] 陆士良,付国彬,汤雷.采动巷道岩体变形与锚杆锚固力变化规律[J].中国矿业大学学报,1999,28(3):201-203.

[62] 张农,王晓卿,阚甲广,等.巷道围岩挤压位移模型及位移量化分析方法[J].中国矿业

大学学报,2013,42(6):899-904.

[63] 韩瑞庚.地下工程新奥法[M].北京:科学出版社,1987.

[64] PAREJA,L D. Deep underground hard-rock mining:issues,strategies,and alternatives[D]. Kingston:Queen's University,2000.

[65] 尤尔钦科.用能量理论计算锚杆支架参数[C]//北京煤炭科学技术研究院.煤矿掘进技术译文集:锚杆支护.北京:煤炭工业出版社,1976.

[66] HAJIABDOLMAJID V R. Mobilization of strength in brittle failure of rock[D]. Kingston:Queen's University,2001.

[67] GALE W J. Strata control utilising rock reinforcement techniques and stress control methods,in Australian coal mines[J]. International Journal of Rock Mechanics and Mining Sciences & Geomechanics Abstracts,1991,28(4):A254.

[68] 方祖烈.拉压域特征及主次承载区的维护理论[C]//何满潮.世纪之交软岩工程技术现状与展望.北京:煤炭工业出版社,1999.

[69] 钱鸣高,缪协兴,许家林.岩层控制中的关键层理论研究[J].煤炭学报,1996,21(3):225-230.

[70] YURCHENKO I A. The energy approach to calculations on bolt supports[J]. Soviet mining science,1970,6(1):22-26.

[71] 何满潮,钱七虎.深部岩体力学基础[M].徐州:中国矿业大学出版社,1996.

[72] 煤炭工业部科技教育司,煤炭工业部软岩巷道支护专家组,煤矿软岩工程技术研究推广中心.中国煤矿软岩巷道支护理论与实践[M].徐州:中国矿业大学出版社,1996.

[73] 孙晓明,何满潮,杨晓杰.深部软岩巷道锚网索耦合支护非线性设计方法研究[J].岩土力学,2006,27(7):1061-1065.

[74] 勾攀峰,辛亚军,张和,等.深井巷道顶板锚固体破坏特征及稳定性分析[J].中国矿业大学学报,2012,41(5):712-718.

[75] 余伟健,王卫军,张农,等.深井煤巷厚层复合顶板整体变形机制及控制[J].中国矿业大学学报,2012,41(5):725-732.

[76] 李桂臣.软弱夹层顶板巷道围岩稳定与安全控制研究[D].徐州:中国矿业大学,2008.

[77] 康红普,王金华,等.煤巷锚杆支护理论与成套技术[M].北京:煤炭工业出版社,2007.

[78] 刘正和.回采巷道顶板切缝减小护巷煤柱宽度的技术基础研究[D].太原:太原理工大学,2012.

[79] 严红,何富连,徐腾飞.深井大断面煤巷双锚索桁架控制系统的研究与实践[J].岩石力学与工程学报,2012,31(11):2248-2257.

[80] 张华磊,王连国,秦昊.回采巷道片帮机制及控制技术研究[J].岩土力学,2012,33(5):1462-1466.

[81] 王卫军,冯涛.加固两帮控制深井巷道底鼓的机理研究[J].岩石力学与工程学报,2005,24(5):808-811.

[82] 王卫军,侯朝炯.支承压力与回采巷道底鼓关系分析[J].矿山压力与顶板管理,2002,19(2):66-67.

[83] 王卫军,侯朝炯.回采巷道煤柱与底板稳定性分析[J].岩土力学,2003,24(1):75-78.

[84] 侯公羽,梁金平,李小瑞.常规条件下巷道支护设计的原理与方法研究[J].岩石力学与工程学报,2022,41(4):691-711.

[85] 朱德仁,王金华,康红普,等.巷道煤帮稳定性相似材料模拟试验研究[J].煤炭学报,1998,23(1):42-47.

[86] 勾攀峰,张振普,韦四江.不同水平应力作用下巷道围岩破坏特征的物理模拟试验[J].煤炭学报,2009,34(10):1328-1332.

[87] 薛亚东,康天合,靳钟铭.巷道围岩裂隙的分形演化规律试验研究[J].太原理工大学学报,2000,31(6):662-664.

[88] 高明中,段绪华.锚固体梁的失稳破坏形式分析[J].建井技术,1999,20(4):22-24.

[89] 顾金才,顾雷雨,陈安敏,等.深部开挖硐室围岩分层断裂破坏机制模型试验研究[J].岩石力学与工程学报,2008,27(3):433-438.

[90] 张强勇,陈旭光,林波,等.深部巷道围岩分区破裂三维地质力学模型试验研究[J].岩石力学与工程学报,2009,28(9):1757-1766.

[91] 陈旭光.高地应力条件下深部巷道围岩分区破裂形成机制和锚固特性研究[D].济南:山东大学,2011.

[92] 陈坤福.深部巷道围岩破裂演化过程及其控制机理研究与应用[D].徐州:中国矿业大学,2009.

[93] 康红普.回采巷道锚杆支护影响因素的FLAC分析[J].岩石力学与工程学报,1999,18(5):534-537.

[94] 李桂臣,张农,王成,等.高地应力巷道断面形状优化数值模拟研究[J].中国矿业大学学报,2010,39(5):652-658.

[95] 韦四江,勾攀峰,王满想.深井大断面动压回采巷道锚网支护技术研究[J].地下空间与工程学报,2011,7(6):1216-1221.

[96] 周志利,柏建彪,肖同强,等.大断面煤巷变形破坏规律及控制技术[J].煤炭学报,2011,36(4):556-561.

[97] 韦四江,孙闯.深部回采巷道支护参数的正交数值模拟[J].河南理工大学学报(自然科学版),2013,32(3):270-276.

[98] 柏建彪,李文峰,王襄禹,等.采动巷道底鼓机理与控制技术[J].采矿与安全工程学报,2011,28(1):1-5.

[99] 罗超文,李海波,刘亚群.煤矿深部岩体地应力特征及开挖扰动后围岩塑性区变化规律[J].岩石力学与工程学报,2011,30(8):1613-1618.

[100] 刘泉声,刘恺德.淮南矿区深部地应力场特征研究[J].岩土力学,2012,33(7):2089-2096.

[101] 倪兴华.地应力研究与应用[M].北京:煤炭工业出版社,2007.

[102] 陈坤福,靖洪文,韩立军.基于实测地应力的巷道围岩分类[J].采矿与安全工程学报,2007,24(3):349-352.

[103] 戴永浩,陈卫忠,刘泉声,易小明.深部高地应力巷道断面优化研究[J].岩石力学与工程学报,2004,23(增刊2):4960-4965.

[104] 马念杰,刘少伟,李英明.基于地应力的煤巷锚杆支护设计与软件研究[J].中国煤炭,

2004,30(2):27-29.

[105] 蔡美峰,彭华,乔兰,等.万福煤矿地应力场分布规律及其与地质构造的关系[J].煤炭学报,2008,33(11):1248-1252.

[106] 高峰.地应力分布规律及其对巷道围岩稳定性影响研究[D].徐州:中国矿业大学,2009.

[107] 李方全.地应力测量[J].岩石力学与工程学报,1985,4(1):95-111.

[108] 郑西贵,花锦波,张农,等.原孔位多次应力解除地应力测试方法与实践[J].采矿与安全工程学报,2013,30(5):723-727.

[109] 董方庭.最大水平应力支护的理论和应用问题[J].锚杆支护,2000(3):1-5.

[110] 王卫军,侯朝炯,冯涛.动压巷道底鼓[M].北京:煤炭工业出版社,2003.

[111] 章冲,薛俊华,张向阳,等.地质力学模型试验中围岩断裂缝测试技术研究与应用[J].岩石力学与工程学报,2013,32(7):1331-1336.

[112] 张帆,盛谦,朱泽奇,等.三峡花岗岩峰后力学特性及应变软化模型研究[J].岩石力学与工程学报,2008,27(增刊1):2651-2655.

[113] 勾攀峰.巷道锚杆支护提高围岩强度和稳定性的研究[D].徐州:中国矿业大学,1998.

[114] 张强勇,李术才,焦玉勇.岩体数值分析方法与地质力学模型试验原理及工程应用[M].北京:中国水利水电出版社,2005.

[115] 李俊斌.淮南矿区回采工作面长度的探讨[J].煤炭技术,2003,22(10):40-42.

[116] 钱鸣高,石平五,许家林.矿山压力与岩层控制[M].2版.徐州:中国矿业大学出版社,2010.

[117] 侯公羽,牛晓松.基于Levy-Mises本构关系及D-P屈服准则的轴对称圆巷理想弹塑性解[J].岩土力学,2009,30(6):1555-1562.

[118] 辛亚军,勾攀峰,贠东风,等.非软顶底板煤巷锚杆支护及围岩松动规律[J].采矿与安全工程学报,2012,29(2):203-208.

[119] 侯朝炯,马念杰.煤层巷道两帮煤体应力和极限平衡区的探讨[J].煤炭学报,1989,14(4):21-29.

[120] 袁文伯,陈进.软化岩层中巷道的塑性区与破碎区分析[J].煤炭学报,1986,11(3):77-86.

[121] 蒋金泉,王国际,张登明.矿山压力与岩层控制[M].徐州:中国矿业大学出版社,2007.

[122] KRAJCINOVIC D. Distributed damage theory of beams in pure bending[J]. Journal of Applied Mechanics,1979,46(3):592-596.

[123] 唐春安.岩石破裂过程中的灾变[M].北京:煤炭工业出版社,1993.

[124] JEAN L. How to use damage mechanics[J]. Nuclear Engineering and Design,1984,80(2):233-245.

[125] KRAJCINOVIC D, SILVA M A G. Statistical aspects of the continuous damage theory[J]. International Journal of Solids and Structures,1982,18(7):551-562.

[126] 孙玉福.水平应力对巷道围岩稳定性的影响[J].煤炭学报,2010,35(6):891-895.